바다맛 기행 2

바다맛 기행 2

펴낸날 2015년 11월 5일
지은이 김준

펴낸이 조영권
만든이 노인향
꾸민이 강대현

펴낸곳 자연과생태
주소 서울 마포구 신수로 25-32, 101(구수동)
전화 02) 701-7345~6 **팩스** 02) 701-7347
홈페이지 www.econature.co.kr
등록 제2007-000217호.

ISBN 978-89-97429-59-2   03980

— 김준 —

바다맛 기행

2

바다에서 건져 올린 맛의 문화사

자연과생태

밥상머리에서 바다를 기억하다

'섬 밥상'에 관심을 갖기 시작한 지 여러 해가 지났다. 그사이 단순한 식탐은 서식지를 찾아 떠나는 여행으로, 바다에 대한 깊은 애정으로 바뀌었다. 그리고 사라져 간 것들에 대한 그리움으로도 남았다.

시간이 지나면서 갯벌 매립과 남획으로 인해 화수분처럼 영원할 것 같았던 조기, 명태, 백합이 사라졌다. 그사이 섬 밥상을 차려 주었던 어머니들도 많이 세상을 떠났다. 남은 것이라곤 한 장 두 장 찍어 두었던 섬 밥상 사진과 밥상을 앞에 두고 객에게 물고기의 이름과 서식지, 요리법을 알려 주었던 분들에 대한 기억뿐이다. 어릴 적에 밥상머리에서 들었던 것은 잔소리뿐이라 거의 생각나는 것이 없지만, 바닷가 밥상머리에서 들은 이야기는 지금도 생생하다.

엉성한 글과 정성스런 섬 밥상을 엮어 체면치레를 했던 첫 권이 나왔을 때, 독자들이 가장 관심을 가진 것은 밥상머리에 오르는 바다맛에 관한 것이었다. 그래서 이번에는 바닷가 밥상머리에서 보고 들었던 것으로 바다를 기억해 보기로 했다. 서해의 조기,

동해의 명태, 새만금의 백합이 그랬던 것처럼 망둑어나 갯장어도 사라지기 전에. 이것이야말로 도시민에게 바다를 알려 주는 최고의 학교이자 선생님이라는 생각이 들었다.

바다맛을 안다는 것은 비단 식재료로서 수산물을 안다는 것이 아니다. 그 안에 담긴 바닷가 사람들의 삶과 문화를 아는 것이다. 어부들의 삶을 엿볼 수 있을 때 우리는 비로소 바다맛을 안다고 할 수 있을 것이다. 이러한 관심이 어부들이 가지는 삶의 자긍심에 한몫해, 그들이 삶을 더욱 자랑스러워할 수 있을 때 우리 밥상도 살고 바다도 건강해질 것이다. 이 책이 밥상머리에서 바다를 기억하는 이유다.

이 자리를 빌려 섬 밥상을 차려 주었던 어머니들과 고기잡이에 흔쾌히 동행을 허락해 준 어부들에게 감사드린다. 두 번째 『바다맛 기행』이 탄생할 수 있었던 것은 모두 이 분들의 공이다. 더불어 바다맛 시리즈는 내가 쓴 책 중에서 아내가 가장 좋아하는 책이다. 바닷물이 채 가시지도 않은 날 생선을 가져오면 기꺼이 요리를 해 주었고, 예쁜 접시를 찾아 멋진 사진을 찍을 수 있도록 배려해 준 아내의 사랑이 어떤 사랑보다 기쁘고 고맙다.

끝으로 이 책을 아들에 대한 기억을 지우려는 아버지에게 바친다.

2015.10
옹진의 작은 섬에서

목차

다른 배는 벌써 삼치잡이를 마치고 집으로 돌아왔건만 부지런한 어부는 몇 마리
더 잡겠다고 새벽에 나가 점심도 건너뛰고 끌낚시로 삼치와 실랑이 중이다.
남편을 기다리던 아내는 지쳐 선창에 주저앉았다.

삼치

가을 전어는 잊어도 좋다

가을에는 전어라고? 삼치가 들으면 서운할 말이다. 삼치는 옛날 양반들이나 '망어'라고
부르며 괄시했지. 오래 전부터 많은 이들의 가을 입맛을 책임져 온 생선이기 때문이다.
일제강점기에는 '조선 사람이 먹기 아까운 생선'이라며 일본으로 가져가기도 했다. 잔뼈
가 없고 도톰한 살이 부드럽기까지 해서 어린이는 물론 어르신들이 먹기에도 아주 제격
이다.

삼치 철이 되려면 한 달은 기다려야 할 늦여름, 여수의 송도에서
가로등보다 높게 대나무 두 개를 배에 꽂고 포구로 돌아오는 부
부를 만났다. 잡은 물고기를 보관하는
어창에는 씨알이 굵은 삼치 수십 마리
가 잠자듯 얼음에 묻혀 누워 있었다. 부
부가 새벽에 출어해서 뱃길로 한 시간
이상을 달려 거문도 근해까지 나가 잡
아 온 녀석들이다.

배를 안전하게 정박한 남편은 긴 숨을
몰아쉬며 담배를 물고 긴 하루의 피로
를 삭이고 있었다. 그 사이 아내는 얼음
속에 묻힌 삼치를 꺼내 마을 주민들에
게 한두 마리씩 나눠 주었다. 부부는 매

첫물에 잡은 삼치는 팔지 않는다. 잘생기고 씨
알 굵은 놈은 조상님께 올리고 나머지는 마을
사람들과 나눠 먹는다.

년 첫물로 잡은 삼치는 팔지 않는다고 했다. 잘생기고 씨알 굵은 놈은 조상님께 올리고, 나머지는 마을 사람들과 나눠 먹는다. 이제 가을바람이 불면 삼치잡이가 본격적으로 시작될 것이고, 만선을 한 부부도 어시장으로 향할 것이다.

양반들은 삼치를 싫어했다?

하늘에서 보면 바다는 푸르다. 삼치를 비롯한 등푸른생선의 등이 푸른 이유다. 바다, 수면의 물비늘 색과 어울려 눈 좋은 맹금류를 속일 수 있다. 서유구의 『난호어목지』에도 "등은 청흑색이며, 기름을 바른 것처럼 윤이 난다. 등 아래 좌우로 검은 반문이 있고 배는 순백색이다."라고 적혀 있다. 반면, 물속에서는 보호색이 되도록 배 색깔은 하얗다. 또한 삼치를 마어(麻魚)로 칭하며 그 맛에 대해서는 "극히 달고 좋다."고 평했다. 오늘날처럼 삼치라 적은 『우해이어보』에는 "맛은 매우 좋고, 말려서 먹어도 맛이 있다."고 했다.

망어(蟒魚)라 소개한 『자산어보』에는 "몸통은 둥글고 구렁이와 비슷한 점이 있다. 고등어와 비슷하지만 크고 날렵해 물 위로 높이 뛰어오른다."고 했다. 손암의 입맛이 그러해서인지, 흑산도 사람들이 싫어해서인지 "맛은 시고 텁텁하여 별로 좋지 않다."고 혹평을 했다. 망어라는 이름 때문일까, 사대부들은 삼치를 싫어했다. 민담으로 그 사실을 확인해 보자.

강원도 관찰사로 부임한 이가 동해에서 잡은 삼치 맛에 푹 빠

삼치를 오래 두고 먹기 위해서는 염장하거나 햇볕에 말려야 한다. 냉장시설이 발달하지 않았던 옛날에는 보관하기 어려웠지만, 지금은 소금이나 햇볕에 잘 갈무리해 냉동 보관하면 1년 내내 구이나 찌개로 즐길 수 있다.

졌다. 그래서 자신을 이곳으로 보내 준 정승에게 큼지막한 삼치를 골라 보냈다. 삼치는 여러 날이 지난 후 정승 집에 도착했다. 밥상에 오른 삼치 맛을 본 정승은 썩은 냄새에 비위가 상해 몇 날 입맛을 잃었다. 그 후 썩은 고기를 보낸 관찰사는 좌천을 면치 못했다.

한편, 일제강점기 나로도의 축정항에는 가을철이면 삼치를 잡는 수백 척의 배가 모여들어 파시를 이루었다. 배가 들어오면 술집은 밤새 불이 꺼지지 않았다. 교복에 금으로 만든 단추를 달았다는 전설 같은 이야기나 전기, 목욕탕, 수도 시설이 되어 있던 일본인 집들을 보면 당시 삼치의 위력을 엿볼 수 있다.

일본인들은 어판장에 모인 삼치는 '조선 사람이 먹기 아까운 생선'이라며 모두 일본으로 수출했다. 삼치는 참치처럼 입안에서 녹을 만큼 식감이 부드러워 일본인들이 좋아하는 생선이다. 상대적으로 씹힘이 있는 활어를 선호하는 우리와 얼음이나 냉장고에 숙성시킨 선어를 즐기는 일본의 식문화 차이라 하겠다.

'삼치'라는 영광스러운 이름표

삼치는 떼를 지어 다니며 멸치나 정어리처럼 약한 물고기를 공격해 잡아먹는다. 날렵하기로 따지면 F1경기에 출전한 페라리를 능가하지 않을까. 그런데 이것이 화근이다. 인간은 스피드를 즐기는 삼치의 특성을 이용해 잡기 때문이다. 눈이 아주 밝은 삼치라지만 멸치 모양의 가짜 미끼를 달아서 빠르게 끌면 그 유혹에 쉽게 넘어간다. 어민들의 끌낚시나 낚시꾼들의 루어낚시가 그것이다.

삼치 중에서는 거문도에서 끌낚시로 잡은 삼치가 으뜸이다. 정치망이나 유자망으로 잡은 것보다 스트레스를 적게 받기 때문이다. 사람에게나 물고기에게나 스트레스는 몸에 해롭다. 특히나 삼치는 날렵한 만큼 성질도 급해, 입에 문 낚시를 빼는 순간 분을 참지 못하고 몸부림을 치다가 죽는다. 이런 성향 때문에 삼치회는 갈치처럼 산지에서나 맛볼 수 있다. 회를 떠 보면 끌낚시로 잡은 삼치가 그물로 잡은 것보다 색깔이 더 밝다. 그러나 일반인이 구별하기는 쉽지 않다.

삼치는 봄과 여름 사이에 연안으로 와서 알을 낳고, 가을과 겨울에 외해에서 겨울을 난다. 인간은 늦가을이나 겨울철에 산란하

삼치는 성질이 급해 잡힌 후 몇 번 몸부림을 치다 죽는다. 고등어보다 수분이 많아 쉽게 변하기 때문에 얼음으로 갈무리해야 한다. 회를 숙성시켜 먹는 일본인의 식문화와 잘 맞는 것도 이 때문이다.

제주도 비양도 선창에서 어부가 손질하는 줄삼치를 보았다. 삼치에 비해 통통하고 길이도 짧다. 푸른 등에 기울어진 검은색 줄무늬가 5~10개 있다. 제주도나 추자도에서 많이 잡히는 삼치의 한 종류다. 삼치는 고등어과에 속하며 삼치, 동갈삼치, 줄삼치, 평삼치 등이 있다.

기 위해 삼치가 몸에 축적한 영양을 탐하는 것이다. 어민들만 아니라 바다낚시를 즐기는 낚시꾼들도 삼치가 수천 마리씩 무리지어 멸치 떼를 쫓아 들어오는 가을철이면 채비를 하고 바다로 나선다. 삼치는 멸치 외에 까나리와 정어리도 즐겨 먹는다. 삼치는 루어낚시, 특히 '라이트 지깅'에 제격이다. 지깅(jigging)은 지그(jig)라는 인조 미끼를 사용하는 바다낚시의 한 장르이다. 가벼운 채비에 인조 미끼 '메탈지그'를 달아 삼치를 유혹한다. 가벼운 낚시로 대어를 낚을 수 있는 그 짜릿한 손맛이 오죽할까.

삼치를 '고시'나 '야나기'라고 부르는 사람도 있다. 일본 일부 지역에서 작은 삼치를 가리키는 표현을 그대로 쓰는 것이다. 삼치는 1년이면 50㎝, 3년 정도면 1m에 이른다. 여수에서는 길이 70㎝ 이상 무게 1㎏ 정도는 자라야 삼치라고 부른다. 그물을 피하고, 가짜 미끼에 유혹되지 않은 채로 3년은 버텨야 얻을 수 있는 영광스런 이름이다. 촘촘하게 바다에 드리워진 그물도 그렇지만, 반짝이는 루어낚시의 유혹을 뿌리치기가 쉽지 않기 때문이다.

　여수, 고흥, 완도, 해남의 어시장이나 횟집에 나오는 삼치는 청산도, 거문도, 추자도 인근 해역에서 잡은 것이다. 이 중에서 겨울 삼치를 끌낚시로 잡을 수 있는 곳은 거문도가 거의 유일하다. 다른 곳에서는 잡히지 않거나 양이 적고, 거문도에서만 어장이 형성되기 때문이다. 겨울철에 끌낚시로 잡는 삼치를 마구리라 부른다. 쿠로시오 난류를 따라 1월부터 4월 무렵에 남해안으로 들어오는 삼치를 잡는 것이다. 이때 잡은 삼치는 기름기가 많아 겨

삼치는 스피드광이다. 멸치와 정어리 떼를 향해 돌진해 무리를 흩뜨려 먹이를 사냥한다.
어부들은 반짝이는 가짜 미끼를 단 낚싯줄을 끌어서 삼치를 유인한다. 이를 끌낚시라 부른다.

울 삼치만 즐기는 식객도 있다.

삼치는 여름이 되면 산란을 위해 어청도, 위도, 외연도 인근의 서쪽 바다로 이동한다. 가을과 겨울에는 다시 남쪽으로 이동한다. 그 이동 경로를 보면 우리나라 서남해를 비롯해 일본 홋카이도, 러시아 블라디보스토크에서 남쪽으로, 하와이와 호주 인근 바다까지 분포하는 회유성 어류다.

가을에는 삼치 담은 접시도 핥아먹는다

가을이 되면 전국에 전어가 물결친다. 하지만 전어는 가시가 많아 아이들이 먹기 어렵고 노인들에게도 먹잘 것이 없다. 그러나 전어와 함께 가을이 제철인 삼치는 다르다. 도톰한 살이 부드럽기까지 해 입안에서 아이스크림처럼 녹는다. 아이들은 물론 이가 좋지 않은 노인들에게 이보다 좋은 생선이 있을까.

삼치를 회로 먹으려면 꼭 준비해야 할 것이 있다. 간장소스다. 초장처럼 만들어 팔지 않기 때문에 재주껏 만들어야 한다. 다양한 손맛이 전승되는 이유다. 간장, 고춧가루, 마늘, 설탕은 기본이고, 여기에 청주가 있으면 더 좋다. 그리고 깨, 양파, 설탕 등을 입맛에 따라 더한다. 다음은 김이다. 삼치회는 부드러워 김으로 싸먹기 좋다. 시중에 판매하는 김(기름 발린 김)과 먹어도 되지만, 제대로 먹으려면 그냥 김에 싸먹는다.

삼치를 양념장에 찍어 김에 싸서 묵은 김치를 얹어 먹는 것이 완도식이라면, 여수식은 삼치를 김에 싼 후 양념된장과 돌산갓김

삼치회는 산지에서만 맛볼 수 있다. 삼치는 잡힌 후 하루만 지나도 살이 물러져 보관하기 어렵기 때문이다.
지역에 따라 햇김과 봄동에 싸서 양념장과 김치를 얹어 먹는다. 따뜻한 밥을 곁들이면 별미다.

치를 올리고 마늘과 고추냉이를 얹어서 먹는다. 또 파릇파릇한
봄동(월동배추) 산지인 해남 땅끝에서는 봄동에 삼치를 올리고 묵
은 김치를 더해서 먹는 방법이 인기다. 겨울 해풍 속에서 자란 푸
릇푸릇한 봄동과 겨울바다를 누비며 산란을 준비하던 삼치가 만
나는 것이다. 이렇게 삼치를 김이나 김치 등에 싸 먹는 것을 삼치
삼합이라고 한다. 어느 지역식이든 따뜻한 밥과 함께 먹으면 더
욱 꿀맛이다.

삼치는 잡힌 후 하루만 지나도 살이 물러지기 때문에 선도를
속일 수 없다. 청산도 상서마을의 박근호 씨가 알려 준 삼치를 사
철 맛있게 먹는 방법은 다음과 같다. 싱싱한 삼치를 사서 머리와
꼬리를 잘라 내고 내장을 빼낸다. 깨끗하게 씻어 소금 간을 해서
반나절 정도 숙성시켜 놓는다. 그리고 소금을 털어 내고 씻은 다

삼치는 부드럽고 잔뼈가 없으며 살이 부드러워 입안에서 녹는다.
그래서 아이들과 노인들이 먹기에도 좋다.

음 음식을 보관하는 비닐팩에 한 끼 먹을 정도씩 담아서 냉동 보
관한다. 이렇게 해 놓고 필요할 때 꺼내서 구이, 찌개, 조림 등을
해 먹으면 막 잡은 삼치와 다를 바 없다고 한다.

단백질이 풍부한 삼치는 비타민 가득한 야채와 같이 먹으면 궁
합이 한결 좋다. 또 살이 많아 구워 먹어도, 맑은탕을 끓여 먹어
도 좋다. 이때 머리까지 넣어서 끓이면 국물이 더 진해진다.

해방 후 청산도에서는 고등어가 많이 잡혀 파시가 형성되었다.
청산도 도청항의 뒷골목 좁은 길 양쪽으로는 당시 술집과 생필품을 팔았던
'점빵'의 흔적들이 남아 있다. 현재 그곳은 '파시문화의 거리'로 조성되었다.

우리 바다에 살아 줘서 고마워

고등어는 우리 밥상을 지키는 국민생선이다. 물론 예전에 비하면 몸값이 높아졌지만, 여전히 팔순의 노인부터 숟가락 들 줄 아는 아이들까지 즐기는 생선이다. 고소하고 달콤하며 부드러운 맛은 말할 것도 없고, 영양가도 풍부해서 여러 성인병을 예방하는 데도 도움이 된다. 오랫동안 우리네 식탁을 풍요롭게 해 준 고마운 생선 고등어를 만나 보자.

어머니는 할머니의 생일날이면 소금 독에 묻어 둔 고등어를 꺼내 구웠다. 지글지글 기름기가 불씨로 떨어질 때면 부뚜막의 옹기에 담긴 굵은 소금을 집어 한 토막에는 살살 뿌렸고, 다른 세 토막에는 팍팍 뿌렸다. 비릿하고 고소한 고등어 굽는 냄새가 연기와 함께 마당에 가득 퍼질 때쯤, 한 토막은 할머니 밥상에 올랐고, 세 토막은 어머니와 아버지 그리고 우리들 차지였다. 그 옛날, 고등어 네 토막은 일곱 식구의 특별한 반찬이었다.

왕에게도 바치던 '바다의 보리'

허균이 지은 『성소부부고』의 「도문대작」(1611년)을 보면 "古刀魚。東海有之。而腹藏最好。又有微魚者細短而。可食"이라는 말이

나온다. 이는 "고등어가 동해에서 나는데 내장으로 젓을 담근 고등어 젓갈 맛이 가장 좋다. 또 미어라는 것이 있는데 가늘고 짧지만 기름져서 먹을 만하다."라는 의미다.

조선시대에는 우리나라 전 해역에서 고등어가 잡혔다. 주요 어장은 주로 거문도와 추자도, 경남 울산, 강원도, 함경도 원산 지방에 형성되었고, 어살과 낚시로 잡았다. 비록 명태, 조기, 대구처럼 제상에 오르는 대접은 받지 못했지만 어엿한 진상품이었다. 또 종갓집에서도 접빈객에게 내는 소중한 식재료였다.

일제강점기에는 일본이 장승포, 방어진, 감포, 구룡포, 포항, 거문도 등 조선 연안에 일본인 이주 어촌을 만들어 고등어를 잡아갔다. 이들 지역에 등대가 세워진 것도 이 무렵이다. 통영의 욕지도, 여수의 안도, 고흥의 나로도 등에서는 건착망과 기선으로 무장한 일본 어민들이 들어와 정착했다. 방어진에는 고등어잡이 배의 건조, 철공소, 어구 판매소, 저장 및 가공을 위한 제빙소, 염장고까지 들어섰다. 신사와 유곽 등 일상생활과 유흥을 위한 시설도 만들어졌다. 당시 들어온 일본인은 대부분 고등어잡이 어민이었다. 손낚시로 고등어를 잡던 조선인과 달리 그들은 건착망과 발동기선 등 어망 어업의 선진 기술을 이용해 대량으로 포획했다. 건착망은 두 척의 배가 긴 그물로 고등어나 정어리 떼를 둘러싸고 복주머니를 졸라매듯 하며 잡는 어법으로, 이후 남해안 일대에서 퍼졌다. 그렇게 잡힌 고등어는 일본으로 보내졌고, 심지어는 중국과 미국으로 수출되기도 했다. 당시 조선의 어장은 일본의 고등어 공급 기지였다.

과거에는 우리나라 전 해역에서 고등어가 잡혔다. 그러나 이제 우리 밥상에 오르는 것은 대부분이 수입산 고등어다. 그 많던 고등어가 남획으로 인해 점점 우리에게서 멀어져 간다.

오늘날 고등어를 찾는 사람은 과거에 비해 크게 증가했지만, 어획량은 40여만 톤에서 10여만 톤으로 크게 감소했다. 기후변화로 수온이 바뀌고 서식 어장이 훼손되는 탓도 있지만, 가장 큰 원인은 남획이다. 1년도 되지 않은 어린 고등어를 마구 잡는 탓이다. 산란 기회를 잃은 고등어가 밥상에 오르니, '텅 빈 어장'이 될 수밖에. 게다가 한일 간의 새로운 어업협정으로 고등어 어장도 줄어들었다.

가을 고등어는 값이 싸고 영양이 좋아 '바다의 보리'라고 불렸지만, 이것도 옛말이다. 이제 고등어는 귀한 생선으로 바뀌었고, 그나마도 수입산 고등어로 우리 밥상을 채워야 할 형편이다. 이쯤 되면 지구에서 고등어가 사라지지 않는 것만도 다행이라 여겨야 하지 않을까.

조심성 많고 빛을 좋아하는 영양 덩어리

우리나라에서 유통되는 고등어는 고등어, 망치고등어, 노르웨이 고등어 등이 있다. 고등어는 등에 흐릿한 줄무늬가 있고 배 색깔이 하얗다. 참고등어, 고디라고도 불린다. 『자산어보』에는 고등어 등에 있는 푸른 부챗살 무늬 때문에 벽문어(碧紋魚), 『동국여지승람』에는 생긴 모양이 칼과 같아 고도어(古刀魚)라고 했다. 망치고등어는 배에 점이 많아 점고등어, 점백이, 점고디라고도 불리며, 주로 남해에서 잡힌다. 노르웨이 고등어는 몸이 날씬하고 눈이 작으며 줄무늬가 진하다. 북대서양 차가운 바다에서 잡히기 때문에 1년 내내 육질이 풍부해 여름철 팍팍한 우리 고등어보다 인기다.

고등어는 쓰시마 난류의 영향을 받는 우리나라와 오키나와를 포함한 일본의 전 해역, 동중국해에 분포한다. 난류성어류로 7~25도의 범위에서 서식하며, 고등어가 살기에 가장 적합한 수온은 15~19도이다. 어렸을 때는 갑각류, 어류, 연체동물의 새끼 등 동물성 플랑크톤을 먹지만 자라서는 멸치, 정어리, 전갱이 등을 먹는다. 최근에 통영의 욕지도, 연화도 등에 생긴 고등어 양식장에서도 이들 어류로 만든 사료를 준다(이러한 양식장이 생긴 뒤부터 뭍에서도 손쉽게 고등어회를 즐길 수 있게 되었다).

고등어는 1년 정도 자라야 산란이 가능하며, 1월부터 7월 사이에 알을 50~70만 개 낳는다. 산란 시기도 지역에 따라 다르다. 동중국해에서는 1월부터 3월, 일본 규슈 근해에서는 3월부터 5

월, 제주도와 대마도 주변에서는 5월부터 8월 사이에 알을 낳는다. 수온이 올라가면 북쪽으로 이동하고, 내려가면 남쪽으로 옮겨와 겨울을 난다.

고등어는 어군을 이루어 이동하며 경계심이 매우 강하다. 장애물에 부딪히면 아래로 피하는 습성이 있다. 낮보다는 야간에 활동하며 빛을 따라 움직인다. 『자산어보』에도 "낮 동안은 매우 빠른 속도로 헤엄쳐 잡기 어렵기 때문에 밝은 곳을 좋아하는 성질을 이용해 횃불을 밝혀 놓고 밤에 낚는다."고 기록되어 있다.

보통 생선은 양식보다는 자연산이 비싸다. 그런데 고등어만은 자연산보다 양식이 더 비싸다. 성질이 급한 고등어는 잡히는 즉시 죽기 때문에 식당에서 자연산 고등어 활어는 맛볼 수 없다. 양식 고등어 활어의 몸값이 높은 이유다.

고등어에는 불포화지방산 DHA, EPA, 오메가-3가 풍부하다. 이러한 성분은 혈액순환 개선을 돕고, 혈액에서 콜레스테롤을 제거하며, 혈소판의 응집력을 감소시켜 혈전 형성을 억제한다. 덕분에 심장병, 동맥경화, 고혈압, 혈전증, 뇌졸중과 같은 성인병 예방에 도움을 준다. 뿐만 아니라 두뇌 발달, 노화 방지에도 효과가 있다. 야채를 조금 섭취하는 에스키모에게서 심장병이나 혈전증 등이 나타나지 않는 것 또한 바다동물을 통해 섭취하는 EPA 때문이다.

한편, 고등어라고 다 몸에 좋은 것은 아니다. 고등어에 있는 히스티딘(histidine)이라는 아미노산은 죽게 되면 세균 작용으로 인

'간독'을 만들어 집안에 보관해야 할 정도로 고등어가 많이 잡혀 파시가 형성되었던 욕지도에서 고등어 완전 양식에 성공했다. 그 덕에 싱싱한 고등어회를 맛보기 위해 욕지도를 찾는 사람이 늘고 있다.

해 히스타민(histamine)으로 변해 알레르기를 일으키기 때문이다. 또 고등어가 변질되면 식중독을 일으키는 프토마인(ptomain)이 생성되기도 한다. 그래서 어느 생선보다 신선도가 중요하다. '간고등어'가 등장한 이유다.

식탁 위 '고등어'라는 마법

고등어하면 제일 먼저 떠오르는 것이 '안동 간고등어'다. 안동에서는 고등어가 나지 않아 산지에서 난 것을 싱싱한 상태로 안동까지 운반하는 것이 불가능했다. 그래서 욕지도든 영덕이든 산지에서 잡은 고등어 배를 갈라 왕소금을 뿌린 다음 안동으로 가져갔다. 염장한 고등어는 안동까지 가는 길에 바람과 햇볕을 받으며 자연 숙성되었고, 안동에 닿을 무렵이면 물기가 빠져 육질이 단단하고, 간이 잘 밴 상태가 되었다. 그렇게 해서 안동 간고등어가 탄생했

고등어는 '성질 더럽기론 고등어'라는 말이 생겨날 만큼 성격이 급하고, 쉽게 상하기 때문에 잡는 즉시 얼음에 묻어야 한다. 그렇지 않으면 피를 빼고 소금에 묻어야 한다. 시장에서 고등어를 손질한 후 토막 내서 소금을 듬뿍 뿌려 주는 것도 이런 이유에서지, 주인의 인심이 좋아서만은 아니다.

다. 간고등어는 현재 안동의 지역 경제를 책임지는 산업으로 발전했으니, 양반 고을에서 고등어 사당이라도 지어 위패라도 모셔야 할 판이다.

단풍철에 주문진, 동해, 삼척 등 동해안 어시장에서 가장 인기 있는 먹거리는 고등어회다. 이 무렵 어시장에는 설악산 단풍 못지않게 화려한 여행객의 옷차림이 또 다른 단풍을 이룬다. 가을 고등어는 산란을 끝내고 겨울을 나기 위해 왕성한 먹이활동을 해 기름이 가득하고, 육질이 부드러우며 고소해 회로 먹기에 제격이다.

옛날에는 고등어회를 산지에서나 맛볼 수 있었지만, 최근에는 운송 수단이 발달하고, 고등어양식이 가능해지면서 산지가 아닌 곳에서도 고등어회를 먹을 수 있게 되었다. 제주에서는 김에 밥과 고등어회, 양념장을 올려 싸먹기도 한다.

고등어를 씻어 물기를 닦아 낸 다음 머리를 자르고 내장을 꺼낸다. 그리고 가운데 뼈를 중심으로 양쪽으로 포를 뜨고, 남은 잔뼈와 지느러미를 정리한 후 껍질을 벗긴다. 마지막으로 물기를 한 번 더 제거한 후 회를 뜨면 된다. 고등어회는 초장이나 겨자보다는 양념장과 함께 먹어야 맛이 있다. 제주에서는 김에 밥과 고등어회, 양념장을 올려 싸먹기도 한다.

내가 가장 즐겨 먹는 고등어 요리는 조림이다. 조림의 종류는 시래기를 넣은 고등어시래기조림, 무를 넣은 고등어무조림, 감자를 넣은 고등어감자조림 등 다양하다. 조림을 할 때 후추나 소금으로 밑간을 하면 고등어에서 비린내가 나지 않는다.

보통 조림이나 찜은 고춧가루와 고추장을 넣어 얼큰하게 끓이기 때문에 아이들이 쉽게 젓가락을 내밀지 않는다. 아이들도 좋아하게끔 맵지 않고, 담백하면서도 비린내가 나지 않는 고등어조림이나 찜을 원한다면 육수를 이용하면 된다. 다시마와 멸치로 육수를 만들어 준비한다. 그리고 감자나 무를 깔고 손질된 고등어를 올린 후 자작하게 육수를 붓는다. 여기에 다진 마늘과 양파와 맛술을 넣고 끓인다. 마지막으로 고추, 대파 등 야채를 올려 한소끔 더 끓이면 된다. 이때 손질한 고등어를 쌀뜨물에 담근 후 요리하면 비린내가 나지 않는다.

고등어자반구이도 아이들이 아주 좋아하는 메뉴다. 밀가루나 녹말, 여기에 카레를 섞어서 고등어에 묻혀 구우면 바삭하고 모양도 부서지지 않는다.

고등어는 쉽게 상하기 때문에 무엇보다 물 좋은 고등어를 고르는 일이 중요하다. 살이 단단하고, 등의 푸른색이 선명하고 광택이 나며 탄력이 있는 것이 좋다. 또한 고등어를 고를 때는 눈을 바라보자. 루시드 폴의 노래 〈고등어〉 가사처럼 말이다. 그리고 그 눈을 바라보며 우리 바다에 살아 줘서 고맙다는 인사 한마디 건네 보자.

고등어구이. 굽는 방식이 숯불에서 연탄불로, 연탄불에서 가스불로, 가스불에서 오븐으로 바뀌었고, 종류도 국산에서 수입산으로 바뀌었지만, 여전히 온 국민이 사랑하는 요리다.

고등어조림을 할 때 후추나 소금으로 밑간을 하면 비린내가 나지 않는다.

육수를 이용해 담백하게 끓여 낸 고등어찜

가을이면 갈치를 잡기 위해 바다에 불을 밝힌다.
이 무렵이면 제주 바다도, 목포 앞바다도 불야성이 된다.

갈치

딸아, 갈치는 네모가 아니란다

깔끔하게 다듬어져 포장된 것만 본 아이들은 갈치가 네모난 물고기라고 여긴단다. 날카로운 이빨과 긴 꼬리, 은빛 피부가 찬란한 갈치가 네모난 물고기라니! 갈치는 동양에서나 서양에서나 긴 칼을 닮았다고 여기던 물고기인데 말이다. 제주도 은갈치는 낚시로 잡아 피부가 상하지 않으므로 국으로 먹어도 비리지 않다. 깊은 바다에서 그물로 끌어올린 목포 먹갈치는 횟감으로는 별로여도, 구이나 조림으로 먹으면 맛이 그만이다.

"아빠, 아빠. 우리 반 아이 중에 갈치가 네모라고 생각하는 아이가 있어요." 식탁에 앉자마자 둘째 딸이 호들갑스레 한 말이다. 이건 또 무슨 뚱딴지같은 이야기인가. 바닷물고기 중 최고의 바디라인을 뽐내는 날씬한 갈치를 두고 네모라니. "그 친구는 마트에서 갈치도 못 본 모양이구나."라며 하얀 갈치 살을 발라 아이의 밥에 올려 줬다. 이번에는 갈치 살을 밥에 올려 먹던 막내가 "마트에 있는 갈치가 모두 네모잖아."라며 말을 받았다. 그래, 어제 수산물 코너에서 보았던 갈치는 네모였다. 날카로운 이빨이 있는 머리와 긴 꼬리가 분명히 없었지. 그 친구 말이 맞네. 갈치는 네모네.

갈치는 '칼'을 닮았다

갈치는 농어목 갈치과에 속하는 바닷물고기다. 서울, 경기도, 충청도, 전라도 등 한반도 서쪽에서는 대체로 '갈치'라 부르고, 강원도, 경상도 등 한반도 동쪽에서는 '칼치'라 한다. 물론 전북 부안, 전남 승주, 경남 고성이나 통영 등 일부 예외인 곳들도 있다. 갈치 새끼는 풀치라고도 한다.

『자산어보』에는 갈치가 길쭉한 띠처럼 생겼다고 해서 군대어(裙帶魚)라 한다고 적혀 있다. 또 "모양은 긴 칼과 같다. 큰 놈은 8~9자(1자: 약 30㎝)에 이른다. 입에는 단단한 이빨이 빽빽하게 늘어서 있는데, 물리면 독이 있다. 맛은 달다. 침어 종류지만 몸이 약간 납작하다."라고 했다.

서유구는 『난호어목지』에서 "꼬리가 가늘고 길어 칡 넌출과 같으므로 갈치(葛侈)라고 한다."고 적었고, 『자산어보』에도 갈치의 속명을 갈치어(葛峙魚)라고 한다는 내용이 나온다. 갈치는 배지느러미와 꼬리지느러미가 없으며, 꼬리가 가늘고 길다. 그래서 칡 넌출을 떠올린 것일까. 왠지 해석이 옹색하다. 그럼 갈치라는 이름과 칼의 관계는 어떻게 설명해야 할까. 신라시대에 '칼'을 '갈'이라 했다고 하니, 갈치를 보고 칼을 연상했던 게 아닐까.

일본에서는 갈치를 큰 칼을 닮은 생선이라 해서 타치우오(太刀魚, タチウオ)라 부른다. 영어권 지역에서는 휘어진 작은 칼 모양을 닮은 생선이라 해서 커틀래스 피쉬(cutlass fish)라 부른다. 동양이나 서양이나 갈치를 보고 '칼'을 상상한 모양이다. 이름의 유래

어두운 곳에서도 긴 칼처럼 생긴 제주 은갈치의 자태는 도드라진다.
가을이 무르익어 가는 제주 바다에서는 갈치잡이가 한창이다.

는 생김새에서 찾는 것이 자연스럽다.

　갈치의 눈은 등 가장자리에 있고, 머리에 비해 매우 크다. 아래턱이 위턱보다 길고 뾰족하며 날카로운 이빨이 줄지어 있다. 생존에 중요한 역할을 하는 등지느러미에는 작은 가시가 많고, 투명한 막으로 이루어져 있으며 머리 뒤에서 꼬리 근처까지 발달했다. 꼬리지느러미와 배지느러미가 없으니 헤엄에 서툴고 순간 방향 전환이 힘들다. 그래서 머리를 위로 추켜들고 뱀처럼 지그재 그로 이동한다. 또 긴 등지느러미를 이용해 몸을 수직으로 세우고 순간 솟구치며 먹이를 낚아챈다. 먹이를 잡을 때 모습은 이동할 때 어기적어기적 하는 것과는 사뭇 다르다.

갈치 새끼인 풀치는 젓을 담거나 말려서 반찬으로 사용한다.

갈치는 제주도 서쪽 바다에서 겨울을 나고 봄이면 무리지어 북쪽으로 이동한다. 여름에는 남해와 중국 연안에 머무르며 알을 낳는다. 겨울을 나기 위해 왕성한 먹이활동을 하는 가을철 갈치가 제일 맛이 좋다.

은갈치 vs. 먹갈치

갈치는 그물과 낚시를 이용해 잡는다. 먼 바다에서는 그물로 된 안강망, 자망, 저층트롤선을 이용해 잡으며, 연안에서는 집어등을 밝히고 갈치가 좋아하는 먹이로 유인해 낚시로 잡는다. 안강망은 조류를 따라 이동하는 갈치를 가두어 잡고, 자망은 갈치가 그물에 꽂히게끔 해서 잡는다. 트롤은 샅샅이 훑는다는 의미로, 한 척이나 두 척의 배가 그물을 끌어 바닥을 훑어서 물고기를 잡는 어법을 말한다. 갈치낚시를 할 때는 멸치 새끼를 잘라 미끼로 사용하기도 한다. 은갈치는 거문도와 제주 해역에서 이렇게 낚시로 잡은 갈치를 말한다.

제주도에서는 독특하게 채낚기로 갈치를 잡는다. 채낚기는 5

멸치를 잡기 위해 쳐 놓은 그물(낭장망)에 갈치가 들었다. 하루에도 몇 번씩 물때에 따라 그물을 털어야 하기 때문에 몸의 은빛이 상하지 않고 낚시로 잡은 것처럼 영롱하다. 죽방렴에 든 갈치도 마찬가지다.

먹갈치는 그물을 이용해 잡는 갈치를 가리킨다. 그물로 잡아 은빛 피부가 상해 횟감으로는 부족하지만, 씨알이 굵어 조림이나 구이용으로 제격이다. 목포 어시장에 가면 물 좋은 먹갈치를 싸게 구입할 수 있다.

톤 규모의 배에 경험이 많은 선원 4명이 타고 오후에 출항해 집어등을 밝히고 밤새 조업을 하는 어업이다. 이른 새벽 모슬포항에 가면 갈치잡이 어선들을 쉽게 볼 수 있다. 봄과 여름에 자리잡이로 조업을 시작하는 모슬포 어민들은 갈치잡이로 정점을 찍고, 겨울 방어잡이로 한 해를 마무리한다. 자리잡이와 방어잡이 사이의 갈치잡이는 바다가 어민들에게 주는 바다살이의 징검다리다. 갈치잡이가 한창일 무렵, 서귀포나 한림항 어시장에서는 은빛으로 반짝이는 갈치 경매가 볼 만하다. 특히 추자도와 제주 사이의 바다에서 밤새 불을 밝힌 갈치잡이 어선들이 모여드는 한림항은 그야말로 장사진이다. 그러나 최근에는 채낚기 어업을 할 만한 선원을 구하기가 어려워, 삼치잡이처럼 한 사람이 조업을 할 수 있는 끌낚시 방법이 연구되고 있다.

거문도의 갈치잡이는 9월에 시작된다. 월동하려고 제주 아래쪽으로 내려가는 갈치를 잡는 것이다. 여름철에도 갈치가 잡히지만 전라도 말로 씨알이 작은 풀치에 불과하다. 산란을 하고 월

밤새 불을 밝히고 유혹해 잡은 갈치는 횟감으로 으뜸이다. 자리잡이와 방어잡이 사이에 바다가 주는 선물이다.
모슬포항에 가을 아침이 밝아 온다.

동을 위해 몸을 충분히 불린 통통하고 큼지막한 댓갈치가 으뜸이다. 가을철이면 집어등이 거문도 밤바다를 환하게 밝힌다. 멸치를 유인해 갈치를 불러오는 것이다. 제주처럼 갈치잡이는 채낚기를 이용한다. 그물을 사용하지 않는 것이 특징이다. 그래서 거문도 선창에서는 가을철이면 갈치회, 갈치비빔회를 맛볼 수 있다.

먹갈치는 그물을 이용해 잡는 갈치를 일컫는다. 먼 바다 수심 깊은 곳에서 그물로 잡다 보니 갈치가 그물에 닿거나 서로 부딪히면서 몸의 은빛이 벗겨져 회갈색을 띠기

갈치회는 산지에서만 먹을 수 있다. 낚시꾼들이 거문도에서 잡은 것으로 회를 떴다. 싱싱한 갈치회는 입안에서 녹으며 비린내가 나지 않는다.

에 붙여진 이름이다. 그래서 제주 은갈치처럼 횟감으로는 어렵지만 씨알이 굵기에 조림이나 구이용으로 좋다. 특히 목포 먹갈치의 명성이 대단해. 다른 지역 선주들도 그물로 갈치를 잡으면 목포로 가져와 판다. 그래서 영광 굴비처럼 목포 먹갈치라고 해도 다 목포 바다에서 잡히는 것은 아니다.

갈치가 비리다고? 뭘 모르는 말씀

오랜만에 아내와 제주도 여행에 나섰다. 아침 메뉴로 갈치국을 추천하자 오분자기 된장국을 기대했던 아내는 아침부터 무슨 비린내 나는 갈치국이냐며 싫은 기색이 역력했다. 식당에 들어서자 나도 살짝 비린내가 걱정되었다. 주문하기가 바쁘게 갈치국이 나왔다. "비린내가 나지 않아." 아내가 국물을 한 숟가락 뜨더니 반색을 했다.

갈치는 비늘이 없다. 대신 막 잡은 갈치를 보면 몸 전체가 번쩍이는 은빛 가루로 덮여 있다. 갈치가 은빛으로 반짝이는 것은 구아닌이 요산과 섞여 굴절 반사를 하기 때문이다. 갈치의 비린내 역시 은빛으로 반짝이는 구아닌에서 비롯된다. 구아닌이 공기 중의 산소와 산화 작용을 일으켜서 비린내가 나는 것이다. 이때부터 살이 물러진다. 시장에서 파는 갈치에서 비린내가 많이 나는 것도 이 때문이다. 싱싱한 갈치는 배가 터지지 않았고, 눈이 투명하고 희며, 눈알은 새까맣다. 또한 몸을 만졌을 때 은백색이 묻어나지 않고 지문이 찍힌다.

신선한 은갈치로 끓인 갈치국은 비리지 않고 시원하다.
배추나 애호박을 넣고 국간장으로 간을 한 것이 제주 갈치국이다.

갈치조림. 호박이나 감자를 밑에 깔고 양념을 얹어 자박자박
끓인 후 파와 양파를 올린 후 한 번 더 끓이면 된다.

그러나 제주에서 먹는 갈치는 신선하기에 비리지 않다. 갈치국
을 제주에서만 접할 수 있는 것도 갈치의 신선도 때문이다. 갈치
국은 먹갈치가 아니라 은갈치로 요리해야 한다. 끓는 물에 싱싱
한 갈치를 네모로 잘라서 끓인 다음 호박이나 배추를 넣고 다시
끓인다. 마지막으로 풋고추, 파, 다진 마늘을 넣고 국간장으로 간
을 맞추면 된다.

자리젓 말고 다른 반찬에는 젓가락이 가질 않았지만 갈치국만
은 아내도 만족했다. 국물이 시원하고 개운했다. 살며시 살을 발
라내 입안에 넣자 사르르 녹았다. 양념 맛이 아니라 원재료의 맛
을 제대로 살린 요리답다. 제주 음식의 특징이다. 여행객들이 자
신들의 입맛을 고집해 음식 타박을 자주 한 탓에 요즘은 제주 음
식도 육지와 비슷해져 가고 있다. 음식은 보수적이지만 소비자들
이 요구하면 전통마저도 쉽게 버린다. 안타까운 현실이다.

갈치국과 대조적인 요리가 갈치조림이다. 갖은 양념이 들어간
다. 갈치조림에는 무, 파, 양파, 풋고추가 필수다. 붉은 고추를

먹갈치구이는 목포를 대표하는 바다맛이다. 신선하기로는 제주은갈치에 뒤지지 않는다. 그물로 잡기에 은빛 자태는 퇴색하지만, 굵은 갯벌 천일염을 뿌려 굽는 구이로는 그만이다.

올려 색다른 맛을 내기도 한다. 제주도에 다녀온 뒤 아내가 갈치조림을 했다. 이번에는 목포에서 사온 먹갈치가 주인공이다. 아이들이 좋아하는 감자와 내가 좋아하는 애호박도 밑에 깔고 갈치를 올렸다. 갈치국과는 또 다른 감칠맛이 있다.

추석을 맞아 선물세트가 아파트 관리실 입구에 쌓였다. 그중 수산물은 눈을 씻고 찾으려 해도 없다. 굴비, 멸치, 김 등은 좀 낫지만, 추석이면 선물로 인기가 높았던 갈치세트와 옥돔세트는 큰 타격을 입었다. 제주도의 한 수협 공판장에서는 어민들이 폭락한 갈치 값에 상자를 붙들고 "차라리 갈치를 끌어안고 죽고 말지, 그 값에 못 주겠다."면서 눈물을 흘렸다고 한다.

일본 후쿠시마 방사능 오염수 유출 사실이 알려지면서 수산물을 기피하는 현상이 심각해졌다. 그 탓에 목포에서는 큼지막한 갈치 한 상자가 몇 만원에 팔렸다. 국내산 조기나 멸치는 말할 것도 없고, 갈치, 고등어도 해류나 서식지를 따지면 걱정할 것이 없다는 것이 전문가들의 의견이다. 무조건 기피하는 것보다 산지에서 발품을 팔아 어민들로부터 직접 구매한다면, 맛있고 싱싱한 갈치를 싼 값에 구입할 수 있다.

도랑에서 잡은 작은 민물새우만 봐 온 탓에 도시로 이사 와서 본 새우튀김은 낯설었다.
게다가 너무 비싸 사먹을 수 없었다. 추석에 아내가 친정인 영광에서 가져온 대하로 튀김을 했다.
보는 것만으로도 '바삭'하는 소리가 들리는 것 같다.

가을바람이 분다,
서해로 가야겠다

우리나라 속담을 보면 새우는 곧잘 약하고 보잘 것 없는 것으로 비유되지만 실상은 그렇지 않다. 대하는 조선시대 궁중 찬품 중 하나였고, 명나라에 보내는 선물 목록 중에도 있을 만큼 귀한 대접을 받았다. 또한 중국에서는 다산, 해로를 상징하는 강장식품으로 꼽히기도 한다. 콜레스테롤이 많은 것이 걱정돼 먹지 않는다면, 차라리 고기나 달걀을 먹지 않는 편이 현명할 것이다. 이번 가을에는 단풍구경 대신 서해의 물 좋은 대하를 구경하는 것이 어떨는지.

"자연산과 양식은 먼저 꼬리를 봐야 해요. 이것 보세요. 이렇게 꼬리가 분홍색을 띠면 양식이에요. 뿔이 머리보다 밖으로 길게 나오면 자연산이죠. 마지막으로 수염이에요. 자연산은 제 몸보다 두 배 이상 길어요." 무창포의 수산시장에서 살아 있는 대하를 수족관에 넣어 두고 손님을 유혹하는 젊은 새댁. 이쯤이면 걸음을 멈출 만하지 않은가. 살아 있는 대하를 보는 것도 어려운데 양식과 자연산을 비교하며 친절히 알려 주니 말이다.

허리 굽은 새우가 노인의 허리를 펴 준다

소금 간을 해서 말린 대하는 조선시대 궁중 찬품 중 하나였다.

또 대하는 세종 11년(1429), 명나라에 보낸 선물 목록 중 건어물로도 포함되었다. 바다 속 작은 새우가 조선의 사대부는 물론 명나라에까지 알려진 것이다. 중국의 약학서인『본초강목』을 보면 "혼자 여행할 때는 새우를 먹지 말라."고 나오며, 특히 "총각은 새우를 먹지 말라."고도 했다. 새우가 양기에 좋은 강장식품이기 때문이다. 한 번에 알을 10만개 이상 낳아 장수, 다산, 부부의 해로를 상징하기도 했다.

그런데 재밌게도 우리 속담에는 새우를 약하고 보잘 것 없는 것으로 비유하는 것이 대부분이다. '고래싸움에 새우 등 터진다.', '새우로 잉어를 잡는다.', '고래 그물에 새우만 잡힌다.', '새우도 반찬이다.' 등처럼 말이다.

'새우'라는 이름은 '사리다.'라는 옛말에서 비롯되었다고 한다. 새우의 굽은 모습과 바다에서의 움직임이 마치 몸을 사리는 것으로 비쳤던 모양이다. 중국에서는 긴 수염 때문에 '해로' 즉 바다의 노인이라고 표현한다.

새우는 크기만 봐도 암수가 구별된다. 암컷이 수컷보다 두 배 이상 크기 때문이다. 색깔로 보면 암컷은 붉은 보랏빛을 띠고, 수컷은 하얀색에 가까운 노란색이다.『자산어보』에서도 대하는 "빛깔이 희거나 붉다.", "흰 놈은 크기가 두 치(한 치: 약 3㎝), 보랏빛인 놈은 크기가 5~6치에 이른다."고 했다. 뿐만 아니라 "붉은 수염은 몸길이의 세 배나 된다."고도 덧붙였다(늘 느끼지만 손암의 물고기에 대한 관찰과 해석은 지금 읽어도 감탄스럽다).

우리나라에 사는 새우는 약 90종에 이른다. 이 중 바다에 서식하는 새우는 도화새우, 보리새우, 대하, 중하, 꽃새우, 젓새우 등이 있다. 대하는 왕새우라고도 한다. 『동국여지승람』에는 대하가 경기, 충청, 전라, 황해, 평안, 서해 5도의 토산물로 소개되어 있다. 지금도 대하는 경기, 충남, 전남, 경남 지역의 바다에서 잡힌다.

자연산 새우로는 대하가, 양식 새우로는 중남미가 고향인 흰다리새우가 인기다. 무창포 수산시장의 젊은 아줌마가 먼저 확인하라고 일러 준 것은 꼬리지느러미다. 흰다리새우는 짙은 분홍빛이지만 대하는 짙은 초록과 연두색이다. 신선할수록 색 차이가 분명하다. 다음은 뿔의 길이다. 대하는 코끝보다 뿔이 길지만 흰다리새우는 코끝에 미치지 않는다. 마지막으로 대하의 수염은 그 길이가 족히 30~40㎝가 넘지만, 흰다리새우는 제 몸의 길이만큼도 되지 않는다. 이 외에도 대하는 더듬이 길이가 길고, 다리 색깔이 분홍색이지만 흰다리새우는 더듬이가 짧고 다리는 흰색이다.

좋은 새우는 껍질이 투명하고 윤기가 흐르며, 붉은빛을 띠는 것이 좋다. 머리와 꼬리가 제대로 붙어 있어야 함은 말할 필요가 없다.

대하잡이는 시간이 돈이다

대하는 가을 남서풍을 따라왔다가 겨울 북서풍이 불면 깊은 바다로 사라지는 가을의 진객이다. 봄바람을 따라 서해의 얕은 바

흰다리새우(왼쪽)는 대하(오른쪽)보다 수염도 짧고, 몸도 작으며, 뿔도 머리보다 짧다. 꼬리지느러미는 분홍색이다.
대하는 수염이 길며, 몸도 크고, 뿔은 머리보다 길다. 그리고 꼬리지느러미는 짙은 초록색과 연두색을 띤다.

다로 이동해 알을 낳고, 남서풍이 불 때까지 자라서 깊은 바다로 간다. 하늬바람이 불면서 수온이 내려가면 따뜻한 바다에서 겨울을 나기 위해서다. 이때가 살이 통통하고 맛이 제일 좋을 때다. 그래서 대하에게는 가을이 수난의 시기이자 몸조심해야 하는 계절이다.

가을철 서해 사람들은 대하로 먹고산다. 서해의 만과 연안에서 대하가 산란하며, 연안에서 떨어져 성장하고 이동하기 때문이다. 게다가 대하는 유생일 때 다른 물고기의 좋은 먹잇감까지 되니 서해 어장을 유지하는 데 큰 역할을 하는 셈이다. 천수만이 막히기 전에 다양한 어류들이 서식했던 것도 어린 새우가 많았기 때문이다(지금 그곳은 대하 양식장으로 바뀌었다. 대하의 천연 서식지를 양식장으로 바꾸다니, 인간은 참으로 어리석다. 어디 이곳만 그렇겠는가).

서해에서는 철따라 주꾸미, 꽃게를 잡지만 수입이 대하만 한 것이 없다. 대하는 한철이라 시간이 돈이다. 그러니 어민들은 어려움과 위험을 무릅쓰고 대하잡이에 나선다. 대하철에 무창포와 남당항에 가면 대하잡이 배들이 쉼 없이 드나든다.

작은 배는 대개 부부가 타서 그물질을 하지만 큰 배에는 선원만 네다섯 명이 탄다. 폭이 150m 내외에 길이가 20m에 달하는 그물을 100~200개 연결해서 새우를 잡는다. 촘촘한 그물로 물길을 막고 새우가 와서 걸리기를 기다리는 것이다. 대하잡이 배는 새벽에 불을 밝히고 나가 포구에 불이 켜질 때 들어온다. 그물째 건져 와 대하를 떼어 내고 다시 그물을 갖고 나가는 배도 있다.

물속에다 그물을 넣고 당기는 투망과 양망 작업은 매우 힘들고 위험하다. 허나 이보다 더욱 힘든 일이 새우를 그물에서 떼어 내는 것이다. 그것도 쪼그리고 앉아서 새우가 상하지 않도록 해야 한다. 행여 꼬리나 머리가 떨어지면 상품 가치가 없다. 신선도가 떨어지면 머리가 빨갛게 변하기 때문에 빠르게 분리해서 냉동 보관하는 것도 급선무다. 대하잡이는 투망과 양망, 새우 분리 작업, 시간과의 싸움이 무한 반복된다. 그래서 힘들다.

대하는 조류 차이가 클 때 많이 잡힌다. 보름이나 그믐의 큰 사리일 때가 물이 좋지만, 위험하기도 하다. 큰 조차는 반드시 바람을 동반하기 때문이다. 먹고살기 위해 나온 대하잡이가 사람 목숨을 위협할 수도 있다. 아이러니하게도 사먹는 사람들은 이때 어시장에 나가면 가장 편하게 싸고 물 좋은 것을 구할 수 있다.

천수만 인근의 어민들은 가을에는 새우, 겨울에는 새조개, 봄에는 간재미로 먹고산다.
그중 가장 효자 노릇을 하는 것은 새우다. 양식은 양식대로, 자연산은 자연산대로 찾는 사람이 많다.
특히 남당항은 대하의 가장 큰 집산지이자 소비처다.

동해의 가을은 설악, 서해의 가을은 대하

서해안 가을 포구의 주말 풍경은 대하를 만나려는 사람들로 인산인해다. 동해의 가을을 대표하는 것이 설악이라면 서해는 대하다. 외포, 대명, 소래, 태안, 보령, 남당, 무창포, 홍원, 마량, 군산, 법성에 이르기까지 온통 대하다. 특히 안면도, 남당, 무창포 등에서는 가을철 대하축제까지 개최된다. 게다가 대하를 먹기 위해 몰려드는 여행객들로 울긋불긋 단풍이 따로 없다. 남당포구에서 대하를 팔던 어머니는 수컷이 이렇게 작아서 무슨 일을 하냐는 내 농담에 "그래도 큰일은 수컷이 다 한다."며 새벽같이 나갔다 새우를 잡아 온 남편을 쳐다보며 웃는다.

대하는 1kg을 기준(2014년 10월)으로 살아 있는 것은 7만원, 죽은 것은 4만 5,000원이었다. 흰다리새우는 각각 3만 원과 2만원에 팔렸다. 무창포에서 만난 어민은 대하 10kg을 살려서 가져오는 것보다 100kg을 잡아서 급랭시켜 오는 것이 훨씬 쉽고 돈이 된다고 했다.

옛날에는 대하를 살짝 쪄서 조기처럼 짚에 엮어서 말렸다. 가을볕에 잘 말린 대하는 겨울철에 훌륭한 양식이었다. 『난호어목지』에는 "대하는 빛깔이 붉고 길이가 한 자 남짓한데, 회로 좋고 그대로 말려서 안주로도 한다.", 「도문대작」에는 "대하는 서해에서 난다. 알로 젓을 담그면 매우 좋다."고 기록되어 있다. 『규합총서』에는 생새우꼬치구이, 새우어육장, 대하를 넣은 열구자탕 등이 소개되어 있다.

먼저 '대하장'을 소개한다. 태안이나 서천에서는 물이 좋은 대하는 팔고, 머리나 꼬리가 떨어져 상품 가치가 없는 대하로 장을 담았다. 게장만 먹어 본 사람일지라도 그 맛을 보면 오랫동안 먹어 온 것처럼 입맛에 딱 맞을 것이다. 우리 집 아이들은 꽃게장보다 대하장을 더 좋아한다.

대하장은 게장과 같은 방법으로 만든다. 대하장이기는 하지만 흰다리새우로 만들어도 맛있다.

대하를 손질할 때는 등을 구부려 두 번째 마디에 이쑤시개를 넣어서 검은 줄 모양의 내장을 빼낸다. 그런 다음 간장 3컵, 물 1컵, 소주 약간에 통고추, 마늘, 생강, 양파를 넣고 팔팔 끓인다. 그리고 갈무리해 둔 대하가 잠길 정도로 붓는다. 하루 정도 재운 뒤 새우를 건져 내고 간장만 한 번 더 끓인 후 식혀서 대하가 잠길 정도 부어 둔다. 사흘 정도 지나면 먹을 수

대하찜은 어르신들이 드시기에 좋다.

있다. 오래 두고 먹으려면 게장처럼 간장과 새우를 분리해 냉장 보관하길 권한다. 짭짤한 대하 살을 발라 야채를 넣고 비빔밥으로 먹어도 좋고, 돌김에 따뜻한 밥을

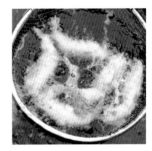

대하 머리를 떼어 내고 밀가루를 입혀 튀기면 고소하고 바삭한 대하튀김 완성

싸서 대하장의 간장을 찍어 먹어도 맛있다. 대하장이기는 하지만 흰다리새우를 사용해도 좋다.

대하를 가장 손쉽게 먹는 방법은 소금구이다. 팬에 굵은 소금

을 넉넉하게 올리고 살아 있는 대하를 올려 골고루 익힌다. 식당에서 주는 새우는 대하가 아니라 흰다리새우다. 맛에 큰 차이는 없다. 새우가 붉은색으로 변하고 살이 단단해지면 몸통을 먼저 먹고 머리는 한참을 더 굽는다. 대하를 제대로 먹는 사람은 머리를 좋아한다. 머리를 바삭하게 구우면 고소하고, 머리와 내장에 들어 있는 육즙이 더해져 감칠맛이 나기 때문이다. 다만 내장은 쉽게 변하므로 신선하지 않을 때는 머리 부분을 제거하는 것이 좋다.

대하와 꽃게를 넣고 된장으로 간을 해서 끓이는 대하꽃게탕은 시원함의 극치다. 대하 살을 발라내 밀가루와 버무려 전을 붙이기도 한다. 대하찜은 나이 드신 분들에게, 대하튀김은 아이들에게 인기다.

꽁치

바다가 낳고
바람이 키우는 생선

바닷가 마을을 지나는 바람이 차가워지기 시작하면, 바닷가에 세워진 덕장에는 가득 꽁치 과메기가 걸린다. 오래 전부터 과메기로 만드는 생선은 청어였으나, 잡히는 양이 줄어들자 꽁치가 그 자리를 대신하게 되었다. 이제 그 맛과 영양 덕분에 꽁치 과메기는 겨울 한철이 아닌 사계절 먹을거리로 뿌리 내렸다. 물론 꽁치는 과메기뿐 아니라 다른 요리로 만들어 먹어도 그 맛에는 변함이 없다.

"비린내가 전혀 안 나요."

과메기문화거리를 서성이며 무엇을 먹을까 고민하던 내게 식당 주인은 꽁치국을 권했다. 무척 비릴 것 같았지만, 다른 지역에서는 본 적이 없는 메뉴인지라 속는 셈 치고 꽁치국을 시켰다. '영일만 쌀막걸리' 한 잔을 비우기도 전에 꽁치국이 바닥을 보였다. 생각과 달리 비리지 않았고 고소한 맛이 입에 달라붙었다. 인심 좋은 주인은 웃으면서 한 그릇을 더 담아 주었다.

꽁치, 굴러온 돌이 박힌 돌을 빼다

봄에 잡히는 꽁치는 기름기가 적어 구이와 찌개용으로 좋고,

덕장에 내걸린 꽁치 과메기(배지기). 바다에서 잡혀 몸이 갈리고 줄에 걸린 신세가 되었지만 청어를 몰아
내고 당당히 영일만 해안을 점령했다. 그래도 통조림 안에 갇혀 지내는 것보다 파도 소리를 들으며 갯바람
을 맞는 것이 백 번 낫다.

가을에 잡히는 꽁치는 기름이 많아 과메기로 이용한다. 영일만 일대의 어촌에서는 꽁치를 바닷바람에 말려 과메기를 만든다. 특히 구룡포읍 삼정리는 과메기 마을로 유명하다. 이맘때면 으레 해안의 덕장에 과메기가 그득하다. 과메기란 '관목어' 즉, 눈을 꿰어 말린 생선을 말한다. 구룡포에서는 '눈(目)'을 '미기', '메기'라 한다.

포항 호미곶에 세워진 조형물. 과메기로 만들었다. 과메기는 이제 포항 일부 지역에서만 먹는 바다맛이 아니라, 찬바람이 불면 전국의 사람들이 찾는 전국구 음식으로 등극했다. 착한 가격, 요리의 간편성, 장기 보관성, 몸에 좋은 웰빙성이 만들어 낸 결과다.

1910년대 최창선이 쓴 『소천소지』라는 유머집에는 다음과 같은 이야기가 소개되어 있다.

"동해안에 살던 선비가 과거를 보러 가다 배가 고파 해안가 나뭇가지에 눈이 꿰어 죽어 있는 물고기를 발견했다. 이를 찢어 먹었더니 맛이 너무 좋아 과거를 보고 내려와 겨울마다 집에서 청어나 꽁치를 그렇게 말려 먹었다."

조선시대에는 청어로 과메기를 만들었다. 본격적으로 청어 대신 꽁치가 과메기로 사용된 것은 1960년대 무렵이다. 한때 영일만에서 잡히는 청어가 전국 어획량의 70%를 차지했지만, 점점 어획량이 줄면서 비슷한 시기에 잡히는 꽁치로 대신했다. 그런데 꽁치로 만들어 보니 더 맛이 있고 몸에도 좋아 반응이 폭발적이었다. 굴러온 돌에 박힌 돌이 차인 셈이다.

근래 들어 사라졌던 청어가 다시 잡히기는 하지만 옛 자리를

포항 구룡포에서 한 어르신이 과메기(배지기)를 건조시키고 계셨다.
눈과 비를 피하고, 반으로 갈라놓은 등이 서로 붙지 않도록 손질하는 것이 일이다.

되찾기는 어려울 듯싶다. 마을 주민들이 가내수공업으로 조금씩 만들어 팔던 꽁치 과메기가 이제 수백 억 소득을 창출하는 지역 산업으로 자리를 잡았기 때문이다. 꽁치 과메기는 겨울철뿐 아니라 사계절 먹을거리로 발전했으며, 의약품, 과자, 화장품 등으로 사업이 다각화되고 있다.

과메기는 꽁치 머리를 떼어 내고 내장과 뼈를 제거한 후 잘 씻어 덕장에 내걸고 기다리면 완성된다. 눈과 비를 피하고, 반으로 갈라놓은 등이 서로 붙지 않도록 손질하는 것이 일이다. 이런 과메기를 '배지기'라 부른다.

호미곶에 이르는 해안가 마을의 가을은 과메기와 함께 시작된다. 구룡포 시장에 가면 배를 따거나 반으로 가르지도 않은 채 짚으로 엮어 통째로 말리는 과메기를 만날 수 있다. '통마리'다. 통마리는 내장을 제거하지 않고 세척해서 굴비처럼 엮어서 말리는 것이다. 그래서 사나흘이면 상품이 되는 배지기와 달리 완성까지 보름 정도 시간이 필요하다. 과메기는 영하 5도에서 영상 5도의 기온이 유지되는 바람이 잘 부는 곳에서만 제대로 숙성된다. 영일만이 바로 그런 곳이다. 배고픔을 면하기 위해 청어가 많이 나오는 철에 갈무리해 두고두고 먹던 방식이 지역 경제를 책임지는 산업으로 성장했다.

굴비처럼 짚으로 엮어 통째로 말리는 과메기는 '통마리'라고 한다.

아가미에 구멍이 난 물고기

『난호어목지』에는 '공치'라 소개되어 있고, 그 특징을 "등이 푸르고 배는 미백색이다. 비늘이 잘고 주둥이가 길다. 두 눈이 서로 나란하다."고 했다. 다산이 쓴 『아언각비』에는 이름 유래에 대해 아가미 근처에 침을 놓은 듯 구멍이 있어 '구멍(空)이 있는 어류'라고 기록되어 있다. 아마 공치가 된소리로 바뀌면서 꽁치가 되었으리라.

『자산어보』에는 '관목청'이라 나오고, "모양은 청어와 같다. 두 눈이 뚫려 막히지 않았다. 맛은 청어보다 좋다. 말려서 먹으면 맛이 매우 좋다. 청어 말린 것을 모두 관목이라 부르는 것은 잘못이다."라고 쓰여 있다. 또한 가을에 맛있는 칼처럼 생긴 어류라 해서 '추도어'라고도 불렸고, 불빛을 좋아해 '추광어'라고도 했다. 집어등을 켜고 꽁치를 모아 그물을 내리는 것도 이런 이유에서다.

꽁치는 수심 30m 내외의 바다에서 떼 지어 산다. 오키나와 부근의 먼 바다에서 겨울을 나고, 봄이면 동해 연안으로 몰려와 해조류나 부유물에 산란한다. 심지어 자신을 잡으려 내린 그물에 몸을 비벼 알을 낳기도 한다. 울릉도나 구룡포에서는 가마니

꽁치는 주둥이가 학처럼 길어서 '학치어'라고도 했다. 해방 후 동해안에서 많이 잡혔다.

에 구멍을 내고 해조류를 매달아 놓고 기다리다 꽁치가 알을 낳기 위해 모여들면 잡았다. 이게 전통어법인 '손꽁치잡이'다.

뒤돌아볼 줄 모르는 꽁치의 맛

포항 호미곶에서 만난 포장마차 안주인이 과메기를 먹고 가라며 손짓을 했다. 청어 과메기를 찾자 꽁치가 맛도 좋고 미용에도 좋다며 권했다. 꽁치 과메기를 먹고 나면 다음날 얼굴이 윤이 나고 반지르르하다는 것이다.

과메기는 먹기 좋은 크기로 잘라 야채나 다시마에 싸서 먹으면 되기에 번거롭지 않고, 피부에도 좋아 주부들에게 인기다.

좋은 꽁치는 꼬리는 노랗고 몸은 밝은 빛을 띠며, 몸이 빳빳하고 딱딱한 것이다. 다른 등푸른생선이 대부분 그렇듯, 꽁치 역시 쉽게 변하기 때문에 잡은 즉시 얼음에 보관해야 한다. 그래서 꽁치물회는 뱃사람들이나 먹을 수 있는 특권이며 별식이다. 머리를 자르고 내장을 꺼낸 후 살을 발라 야채를 넣고 참기름과 고추장으로 쓱쓱 비벼 먹는다. 포항물회의 시작은 여기에서 비롯되었다는 말도 있다.

그물에서 빠져나가려고 머리를 박고 꼬리를 흔들다 상처가 난 꽁치를 '파치'라고 한다. 녀석들은 상품 가치는 없지만 젓갈과 젓국으로 재탄생한다. 동해안 어민들은 김치를 담글 때 새우젓이나 멸치젓 대신 이 꽁치젓이 들어가야 맛있다고 한다. 뒤돌아볼 줄 모르고 앞으로만 가는 꽁치의 몸부림이 우려낸 맛이다. 그 맛으로 버무린 동해안 김치 맛이 궁금해진다.

아무래도 아이들이 좋아하고 쉽게 만들어 먹을 수 있는 요리는 꽁치구이다. 비린내를 잡기 위해 매실에 담근 후 요리하면 살이 단단해지기도 해서 좋다. 꽁치는 자주 뒤집으면 껍질이 벗겨지고 살도 부스러진다. 중불에 한 번 굽고 뒤집은 다음 센 불에 구워야 한다. 바삭하고 기름진 맛을 즐기려면 구울 때 소금을 뿌리는 것보다 구운 후 양념을 끼얹거나 소스에 찍어 먹는 것이 좋다.

꽁치통조림이 대중화되면서 꽁치찌개도 흔히 식탁에 오르기 시작했다. 묵은 김치를 냄비에 넣고, 김치가 잠길 정도 물을 붓는다. 김치가 익으면 다진 마늘과 꽁치를 넣는다. 그리고 한소끔 끓인 후 고춧가루, 대파를 넣고 다시 끓인다. 간은 김치 국물로 하는 것이 좋다.

꽁치조림 요리법은 고등어, 병어조림과 비슷하다. 삶은 시래기, 무, 양파 등을 냄비 바닥에 깔고 꽁치를 올린 뒤 양념장을 얹어 물을 약간 붓고 끓인다. 양념장은 고추장, 간장, 청주, 생강, 고춧가루, 다진 마늘, 설탕을 넣고 만든다.

구룡포에서 먹은 음식 중 가장 인상적인 것은 꽁치국이다. 꽁치국은 꽁치 외에 우거지를 꼭 준비해야 한다. 말린 무청 우거지를 삶아서 준비해 두면 좋지만 그렇지 않다면 배추를 삶아서 사용해도 괜찮다. 꽁치는 머리를 자르고 내장을 제거한 후 껍질을 벗기고 칼로 살을 다져서 준비해 둔다. 이때 살짝 얼려서 손질하

꽁치구이는 밥상에서도 술집에서도 주연 같은 엑스트라다. 주문한 음식이 나오기 전까지는 당당히 가운데 자리를 잡고 미각을 돋운 다. 그냥 굽거나 소금만 뿌리면 요리가 된다.

꽁치국은 흔하지 않은 요리다. 농촌에서 가을철에 미꾸라지를 잡아 끓여 먹던 추어탕처럼 구룡포에서는 꽁치국을 끓여 먹었다.

면 좋다. 요즘은 머리와 내장을 제거하고 뼈째로 갈아서 사용하기 도 한다. 우거지나 삶은 야채를 적당한 크기로 썰고 대파도 넣은 다음 물을 적당히 붓고 양념을 필요한 만큼 넣는다. 김장하고 남 은 양념을 넣어도 좋다. 국물이 끓기 시작하면 다진 꽁치를 넣는 다. 그리고 마늘을 다져서 넣으면 완성이다. 맛이 추어탕과 비슷 하다 싶었는데, 포항에서는 '꽁치추어탕'이라 부르기도 한단다.

장봉도의 꽃게잡이. 옹진군 장봉도에서 만난 친구가 귀한 손님 왔다며 오전에 넣어 둔 그물을 걷으러 나섰다. 주인이 민망하지 않을 만큼 집게발을 흔들며 꽃게가 그물을 따라 올라왔다.

꽃게
왕도 탐한 그 맛

게 껍데기에 따끈따끈한 밥을 비벼 먹는 모습을 떠올려 보자. 어느 누가 '게 눈 감추듯' 밥그릇을 비우지 않을 수 있을까. 다이어트 생각은 여름날 아이스크림 녹듯 사라지게 하는 맛. 예의를 중히 여기던 조선시대 양반들도 상찬한 맛. 왕도 즐겨 먹던 그 맛의 주인공이 꽃게다. 게장은 물론이거니와 꽃게탕, 꽃게무젓 등 다양한 요리로 우리의 입맛을 사로잡는 꽃게는 친숙한 생물이기도 해서 관련 속담, 농담도 많다.

"팔딱 팔딱 살아 있는 속이 꽉 찬 100% 국내산 서해안 왕꽃게, 충청남도 서산에서 잡아 온 꽃게를 여섯 마리 만 원에 드립니다." 창문 너머 도로에서 들리는 꽃게장수의 목소리가 오늘따라 애달프다. 국내산을 강조하고 서산에서 잡아 왔다고 산지까지 밝혔지만, 원산지 불신 탓일까, 일본의 방사능 오염수 유출 파장 때문일까 아파트 주민들의 반응은 영 신통치 않다.

반면, 서산의 큰 포구인 신진도항은 여행객들로 북적였다. 100여 년 만에 개방했다는 옹도등대를 구경한 사람들이 수족관 앞에 모여 꽃게를 사려고 흥정 중이었다. 산지에서 직접 사는 것이 여행의 맛인 데다 불안한 시기에 어민에게 직접 살 수 있으니 믿음도 간다. 게다가 싱싱하기까지 하니 더할 나위 없다.

꽃게는 연평도, 서산, 태안, 고군산군도, 영광, 진도 등 서해 어민들의 봄, 가을 소득원이다.
고군산군도의 방축도 선창에서 어민이 그물에 걸린 꽃게를 따고 있다. 비응도 수산시장이나 군산 어시장으로 보낼 것이다.

술 한 잔에 집게발

꽃게라는 이름은 곶해(串蟹)에서 비롯되었다. 등딱지 좌우에 날카로운 꼬챙이가 2개 있다. '곶'은 꼬챙이의 옛말이다. 곶해가 꽃게로 바뀐 것이다. 이익은 『성호사설』에서 '곶해'라 했다. 기록에는 "바다 사는 커다란 게인데 색이 붉고 껍데기에 각이 진 가시가 있다. 세속에서는 곶해(串蟹)라 하는데 등딱지에 꼬챙이(串)처럼 생긴 뿔이 2개 있기 때문이다."라고 쓰여 있다. 『자산어보』에서는 "뒷다리 끝이 넓어서 부채와 같다. 두 눈 위에 한 치 남짓한 송곳 모양의 것이 있어서 이런 이름이 주어졌다."라고 소개했다.

반질거리고 딱딱한 외모와 옆으로 걷는다고 해서 횡보공자(橫步公子), 횡행개사(橫行介士), 곁눈질하는 것처럼 보여 의망공(依望公), 창자가 없어 무장공자(無腸公子), 노란색 알과 내장을 두고 내황후, 다리가 많아 곽색이라 부르며 술자리 곁에 두었다. 맛이 좋아 양반들의 사랑을 많이 받은 만큼 이름도 다양하다.

고대 중국에는 필탁(畢卓)이라는 관리가 있었다. 그는 손꼽히는 주당이었다. "늘 한 손에는 게 발, 다른 손에는 술잔을 들고 주지(酒池)에 빠져 생을 마치면 무엇을 더 바라겠는가."라고 노래했다. 고려 말 문인 이규보도 게장을 먹으며 술 한 잔 마시는 것이 신선놀음이라 노래했다. 불로초가 다름 아닌 게장이라고 생각했던 것이다.

조선의 선비로는 김종직, 정약용, 허균이 식탐을 금하는 양반 체통은 잠시 뒤로 미루고 게 맛을 그리워했다. 실학자 이덕무가 선비의 예절을 기록한 『사소절』에는 "게 껍데기에 밥 비벼 먹는 행동을 하지 마라."라고 적혀 있다. 하지만 그의 손자 이규경은 『오주연문장전산고』의 「섭생편」에서 "신시에 게의 집게발과 농어회에 새로 빚은 술을 해천라(소라껍질)에 따라 취한 뒤에 통소 두어 곡조를 부른다."라며 가을 게를 찬양했다.

옆으로 비틀거리며 걷는 상놈이라 먹지 않았다는 우암 송

체통을 중시하던 양반들도 서로 눈치만 보며 게딱지를 탐냈던 모양이다. 오죽했으면 "게딱지에 밥 비벼 먹지 말라."는 것을 선비의 식사 규범으로 내세웠을까. 예나 지금이나 입맛은 변함이 없다.

시열도 있지만, 체면을 중시하는 양반들도 게 껍데기에 밥을 비벼 먹고 싶은 유혹을 이겨 내지 못했던 것이다. 양반만이 아니다. 왕마저도 그 유혹을 떨치지 못했던 모양이다. 정조는 꽃게탕을 좋아했고, 경종은 게장을 먹다가 체해서 승하했다고 한다. 게는 쉽게 상하는 식재료다. 지금처럼 보관 시설이 잘 되어 있어도 게를 먹고 식중독을 일으킨 예는 많다.

나그네는 꽃게를 쳐다보지 말라

우리 민족은 게와 가까웠다. 속담에 게가 자주 등장한다. 게의 행동을 관찰해 인간의 행동이나 생활 속에 적용해 만든 속담이 많다. 음식을 매우 빨리 먹는 모습을 '마파람에 게 눈 감추듯 하다.'라고 했다. 타고난 성품은 어쩔 수 없어 본성이 흉악한 사람은 어려서부터 남을 해친다는 것을 빗댄 '게 새끼는 집고, 고양이 새끼는 할퀸다.'는 말도 있다. 이루려는 목적도 이루지 못하고 가지고 있던 것조차 다 잃었을 때 '게도 구럭도 다 잃었다.'라는 말을 쓴다. 구럭은 새끼를 꼬아서 만든 물건을 담는 그릇을 말한다. 독 속에 든 게들이 밖으로 기어 나오면 다른 게가 다리를 붙들고 끌어내리는 모습을 볼 수 있다. 너 죽고 나 살려다, 너 죽고 나 죽는 식이다. 이를 두고 '독 속의 게'라고 했다. 이외에도 임산부에게는 아이가 태어나서 옆으로 걸을까 봐 게를 주지 않았다는 '게 걸음', 화가 나고 흥분하면 '게거품을 문다.'는 표현도 즐겨 사용한다(게거품은 사실 물이 그리워 바다로 가고 싶어 하는 게의 몸짓이다).

'길 떠나는 나그네 꽃게는 쳐다보지도 말라.'고도 했다. 남성들의 스태미나 식으로 좋아서 나온 말이란다. 물론 꽃게가 남자들에게만 좋은 것은 아니다.

막 잡아 온 꽃게가 함지박 가득하다. 바다로 가고 싶은 것일까. 암꽃게 한 마리가 탈출을 시도하다 몸이 뒤집히고 말았다.

피부 미용에 좋고, 칼슘, 철분, 인이 많아 여자들과 아이들에게도 좋은 음식이다. 또 어촌의 민가에서는 꽃게의 등딱지를 대문에 걸어 놓고 액운을 물리치기도 했다. 날카로운 가시가 귀신의 침입을 막는다고 믿었다. 뭍에서는 엄나무 가시를 문지방에 걸어 놓았다. 음향오행으로 보면 가시는 양기이고 귀신은 음기의 상징이란다.

선유도 선창 구석에 있는 작은 어선 안에서 부부가 그물에 걸린 꽃게를 따고 있다. 등딱지를 움켜잡고 그물을 제거하자마자 가위로 집게 발가락 2개 중 고정된 아래 발을 잘라 낸다. 꽃게를 잡으면 제일 먼저 하는 일이다. 집게발의 완력은 대단하다. 어부야 위험을 피하면 될 일이지만 서로 엉켜 발이 떨어지면 낭패다. 대게도 그렇지만 꽃게도 발이 떨어지면 값도 그만큼 떨어진다. 혹시 어부의 손이라도 물라치면 발을 떼어 내기 전에는 놓지 않는다. 인도에는 호랑이가 꽃게를 보고 도망친다는 말이 있다. 또 코끼리와 싸워 이긴 게 이야기도 전해 온다. 오죽했으면 우리 속담에도 '구운 게 물지 모르니 다리 떼고 먹는다.'는 말이 있을까.

무안에 즐겨 가는 게장집이 있다. 그 집 출입문 앞에는 세면대가 있는데, 화장실에 있어야 할 세면대가 출입구 신발장 옆에 있는 것이다. 그리고 손을 씻을 때 사용하는 세정제와 입안을 헹구는 구강청결제도 놓여 있다. 처음 그 집에 갔을 때 무릎을 쳤다. 손님을 배려한 주인의 마음을 읽었기 때문이다. 맛은 좋지만 점잖은 식사자리에 게 다리를 잡고 속을 빼 먹는 것을 상상해 보라.

사돈 앞에서는 눈은 게딱지에 맞추고 젓가락은 김치로 간다. 예로부터 '게장은 사돈하고 못 먹는다.'고 했다. 먹고 나면 앞에 쌓이는 껍데기는 또 어떤가. 먹기 전 게보다 껍데기가 더 많다. 그래서 '소 한 마리 다 먹어도 흔적이 남지 않지만, 게는 숨길 수 없다.'고 했다.

다이어트를 원하면 게장은 포기하시라

진도 서망에서 막 잡아 온 꽃게 3kg을 샀다. 무게가 만만치 않다. 속이 실하지 않으면 바꿔 주겠다는 주인의 말이 장삿속으로 한 말은 아닌 것 같다. 그동안 비싸다는 핑계로 제대로 꽃게를 먹어 본 것이 언젠가 싶다. 꽃게를 한 솥 삶아서 아이들과 먹을 생각을 하니 마음은 집에 가 있건만 차들은 왜 이렇게 밀리는지.

꽃게를 손질하는 일은 손이 많이 간다. 솔로 발과 몸통 구석구석을 잘 문질러야 한다. 꽃게는 집게발을 제외한 네 발의 두 번째 마디를 잘라 내는 것이 좋다. 찜을 하려면 알집만 제거하면 되지

진도 서망의 꽃게가 풍년이라 값이 많이 내렸다.
게다가 일본의 방사능 오염수 유출 파동으로 수산물 소비가 줄어들면서 꽃게를 좋아하는 사람들은 호기를 만났다.
진도 서망의 위판장은 막 잡아 온 꽃게들로 파시가 형성되고 있다. (사진 제공: 진도군청)

가을철에는 암꽃게보다는 수꽃게가 인기다.
날씬한 집게발이 특징인 수꽃게는 가을철에 살이 가득해 찜으로 좋다.
알이 가득한 암꽃게는 봄철 게장으로 제격이다.

만, 꽃게탕을 하려면 게딱지와 몸을 분리하고 씁쓸한 맛이 나는 먹이(모래)주머니도 제거해야 한다. 또 먹이활동을 할 때 이물질을 거르는 아가미를 떼어 내고 몸에 많은 부착생물도 잘 씻어 내야 한다.

얼큰한 꽃게탕부터 맛을 보자. 꼭 준비해야 하는 양념은 된장이다. 구수한 맛을 내는 것은 물론 비린내까지 제거하는 역할을 한다. 여기에 생강을 조금 넣으면 비린내는 안심이다. 꽃게탕 자체가 시원하지만, 더 시원한 국물을 원한다면 육수를 잘 만들어 끓이면 좋다. 육수는 된장, 생강, 고추장, 다진 마늘, 소금 등 갖은 양념을 물과 함께 넣고 팔팔 끓여 만든다. 그리고 무를 넣고 다시 한소끔 끓인 후 꽃게를 넣는다. 마지막으로 미나리, 고추, 파 등을 넣고 끓인 후 불을 끄고 쑥갓을 넣은 다음 기다렸다 먹는다. 시원함보다 담백함을 원하면 모시조개로 육수를 낸 것으로 끓이면 된다. 이때 간은 소금 간만 해야 한다.

꽃게무젓은 따뜻한 밥에 비벼 먹으면 좋다. 게장도 그렇지만 밥도둑이 따로 없다. 이때 게는 하루 전에 잡아 놓아야 게살을 잘 빼낼 수 있다. 산 것은 바로 나오지 않기 때문이다. 게장을 만들 때는 농축시킨 간장을 사용해야 한다. 이때 꽃게가 공기에 닿지 않도록 주의한다. 백령도에서 꽃게장을 담글 때 비닐을 그릇에 넣고 그 위에 게의 하얀 배가 보이도록 뒤집어 차곡차곡 넣은 다음, 준비한 장을 붓고 비닐 입구를 꽁꽁 묶어 보관하는 것을 본 적이 있다. 마지막으로 게가 간장에 푹 젖도록 돌로 눌러 놓는다. 사흘 후에 꺼내고 장과 꽃게를 분리해서 보관한다.

당연한 이야기지만 좋은 꽃게는 살아 있는 꽃게다. 죽은 꽃게는 살이 적고 수분이 많이 빠져나가 먹을 게 적다. 다리가 모두 붙어 있는 무거운 게, 특히 등껍질이 두껍고 배 부분에 선홍빛이 도는 꽃게가 좋다. 찬바람이 불기 전에 꽃게찜으로 몸을 다스려 겨울 준비를 하는 건 어떨까.

꽃게무침. 양념무침이나 간장게장을 할 꽃게는 손질을 잘해야 한다. 칫솔로 배받이나 다리와 몸통이 연결된 부분을 깨끗하게 닦아 낸다. 그리고 다리 끝, 집게발, 몸통의 날카로운 부분은 제거하는 게 좋다.

간장게장. 무침이나 게장을 먹을 때는 다른 반찬이 필요 없다. 게 밥에 밥 한 그릇, 게 딱지에 밥 한 그릇, 남은 양념이나 게장에 밥을 비벼 먹으며 또 한 그릇. 그래서 밥도둑이라 한다.

꽃게탕을 담백하게 먹으려면 된장과 생강을 넣어 비린내를 잡아야 한다. 시원하게 먹으려면 소금으로 간을 하는 것도 방법이다. 하지만 무엇보다 중요한 것은 싱싱한 것을 골라야 한다. 배받이를 눌렀을 때 단단한 것이 좋다.

전남 강진군 도암면 사초리 마을 어장에서 주변 간척으로 사라졌던 개불이 20여 년 만에 나타나, 2000년 초반부터 매년 정월이면 주민들이 모두 모여 개불잡이를 한다. 개불을 잡는 데 필요한 것은 삽, 괭이, 쇠스랑과 소쿠리, 삼태기, 쪽대 등이다. (사진 제공: 강진군청)

개불

겨울 갯벌의 반가운 손님

개불은 어쩐지 만만하다. 생김새도 그렇고, 수산물시장에 가면 항상 볼 수 있는 데다 횟집에서도 으레 주 메뉴가 나오기 전 입맛을 돋우는 보조자이기 때문이다. 그러나 실상은 아주 귀한 존재다. 갯벌이 많았던 시절에는 감성돔이나 가자미 미끼로 쓰일 정도로 개불이 차고 넘쳤지만, 무분별한 간척이 진행되면서부터는 거의 씨가 말랐다. 여름에는 바다 밑 깊은 곳에서 잠을 자다 겨울에 갯벌로 올라오는 개불. 안타깝게도 이제 이 땅에서 개불이 올라올 수 있는 펄은 얼마 남지 않았다.

"어머, 징그러." 앞서 가던 아가씨가 소스라치게 놀라며 남자친구의 팔에 매달렸다. 함지박에 담긴 개불을 보고 기겁을 한 것이다. 남자는 이런 여자친구가 싫지 않은지 "〈별그대〉 천송이가 먹은 거야. 한 접시 먹고 가자."라며 안면도 한 횟집으로 들어갔다. 기겁을 하고 식당으로

영락없이 전라도 말로 '거시기'와 똑같이 생긴 개불. 어시장에서 신기한 듯 보고 있으면 가게 주인이 뭘 그렇게 보느냐며 쿡쿡거린다.

들어간 아가씨도 한 번 맛본 후로는 젓가락이 바쁘다. 달짝지근하고 쫄깃한 그 맛은 주 요리가 올라온 후에도 젓가락을 멈추지 못하게 한다.

왜 개불일까?

손암 정약전도 『자산어보』에서 "모양은 남자의 성기를 닮았다."
고 했다. 더 사실적인 표현은 다음 구절이다. "손으로 만지면 잠
시 후 부풀어 오른다. 그리고 액체를 내기 시작하는데 마치 털구
멍에서 땀을 흘리는 것처럼 보이며, 실이나 머리카락처럼 가는
것을 사방으로 뿜어낸다."

개불의 효능에 대해서는 "큰 놈은 양기를 돋우는 데 좋으며, 정
력을 높이려는 사람은 말린 것을 약에 넣어 먹으면 좋다."며 '음
충(淫蟲), 속명 오만동(五萬童)'이라고 적어 놓았다. 반면, 『현산어
보를 찾아서』에서는 "음충은 개불이 아니라 미더덕, 특히 주름미
더덕"이라고 했다.

그런데 왜 하필이면 '개불'일까. 개의 성기를 닮아서 붙여진 이

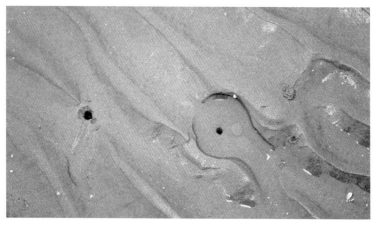

개불 구멍. 주의 깊게 관찰하면 구멍 안에서 물을 내뿜는 것을 볼 수 있다. 그러나 한두 해 바닷가에 살았다고, 잠깐 개
불 구멍이 어떻게 생겼는지 설명을 들었다고 해서 다 개불 구멍을 찾을 수 있는 것은 아닌가 보다. 나도 사진과 똑같이
생긴 개불 구멍을 찾아 뻘을 파 보았지만 헛손질만 하다 그만두었다.

름이라고 한다. 내가 볼 때는 개보다 인간의 것을 꼭 빼닮았다. 개를 갖다 붙인 것은 '만물의 영장'이라는 자존심 때문이 아닐까. 김려의『우해이어보』를 보면 해음경(海陰莖)이라 하며 그 모양새와 특징을 정확하게 표현하긴 했는데, 개가 아니라 말의 음경과 같다고 했다.

"모양이 말의 음경과 같다. 머리와 꼬리가 없고 입은 하나만 있다. 바다 밑 바위에 붙어 있으면서 꿈틀대는데, 자르면 피가 난다. 해음경을 깨끗이 말려 가늘게 갈아서 젖을 섞어 음위에 바르면 바로 발기한다고 한다." 음위(陰痿)란 남자의 생식기가 위축되는 병이다. 그런데 해음경이 바다 밑 바위에 붙어서 꿈틀댄다는 표현으로 보아 정확하게 개불을 말하는지는 의심스럽다.

의충동물인 개불은 주둥이를 작은 원뿔형으로 오므렸다 벌렸다 하기 때문에 크기를 가늠하기 어렵다. 항문이 있는 꼬리에는 털이 10여 개 있다. 보통 연안의 사니질에서 서식한다. 항문으로 물을 뿜어서 구멍이 두 개인 U자형 터널을 만들어 그 안에서 지낸다. 개불이 클수록 구멍 간의 거리가 크다. 구멍의 지름은 1㎝ 정도이며, 조심스럽게 관찰하면 물을 뿜는 것을 볼 수 있다.

사라진 개불을 찾아서

개불은 겨울이 제철이다. 여름철에는 바다 밑 1m 이상 되는 깊은 곳에서 여름잠을 자고, 찬바람이 불기 시작하면 15~30㎝ 깊이의 얕은 곳으로 나와 활동하기 때문이다. 개불잡이에 나서는 어민들이 찬바람에 맞서서 삽질을 하는 것도 이런 까닭에서다.

개불을 잡는 방법은 지역에 따라 다르다. 조차가 큰 서해안에서는 물이 빠진 갯벌에서 삽이나 호미로 잡는다. 전남 강진군 도암만에 위치한 사초리에서는 개불잡이가 마을 공동어업이다. 삽이나 괭이, 쇠스랑 같은 도구로 바닥을 파헤친 후 떠오른 개불을 삼태기나 소쿠리로 건져 올린다. 허리까지 빠지는 바다 속에서 남편은 쇠스랑으로 갯벌을 파고 아내는 흙을 그물망에 담아 씻어낸다. 모두 사람의 힘으로만 한다. 잠깐 물때에 수십만 원 벌이를 하기 때문에, 개불 잡는 날이 결정되면 마을 주민들은 모두 등 뒤에는 배터리, 머리나 가슴에는 손전등을 매달고 나선다. 물속에 들어가기 힘든 노인들은 물이 빠진 갯가에서라도 작업을 한다. 정월에 날을 받아 마을 주민들이 참여해 불을 밝히고 개불잡이를 하는 장면은 장관이다.

개불잡이 중 가장 인상적인 것은 12월 말부터 1월 사이에 볼 수 있는 남해 지족해협의 '개불걸이'다. 원리는 사초리의 개불잡이와 비슷하다. 하지만 수심이 깊고 물살이 빠르기 때문에 다른 어구를 사용한다. 배 좌측이나 우측 현에 물보(물풍선)를 달고, 반대쪽에는 닻처럼 생긴 갈고리 네 쌍을 줄에 묶어 내린다. 물보는 바닷물에 의해 풍선처럼 부풀어 오르고, 갈고리는 무게 때문에 바닥에 가라앉는다. 물보가 조

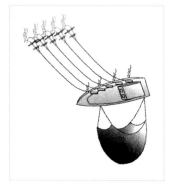

남해 개불걸이 모식도(그림 출처: 「한국 어구 도감」)

남해 개불걸이(개불잡이). 지족해협은 물살이 빠르고 수심이 제법 깊다. 죽방렴을 설치하고 멸치를 잡는 것도
이 때문이다. 멸치잡이가 끝나고 찬바람이 나면 연말을 전후해서 개불잡이에 나선다. (사진 제공: 남해군청)

류에 밀려 서서히 이동하면 갈고리는 쟁기로 무논을 갈듯 모래흙
을 긁고, 여기에 갯벌 구멍에 살던 개불들이 걸려 수면 위로 떠오
른다. 물보는 자연스럽게 떠오른 개불을 잡는 그물이 된다.

'남해 손도개불을 먹지 않고 남해 구경을 했다고 하지 말라.'는
말이 있을 정도로 지족해협 개불이 맛있는 데는 이런 독특한 어
법도 한몫했을 것이다. 이곳의 개불은 선홍빛에 껍질이 두껍다.
좋은 개불이 갖춰야 할 조건이다.

한편, 내가 본 개불잡이 중 가장 가슴이 아팠던 것은 새만금의

개불잡이였다. 새만금은 백합 주산지였던 부안과 김제, 군산의 갯벌을 매립하면서 만들어진 지명이다. 이곳 주민들은 개불을 심하게 잡지 않았다. 돈이 되고 쉽게 잡을 수 있는 백합이 있었기 때문이다. 하지만 방조제가 생기고 나서 백합이 점점 줄어들자 개불을 잡기 시작했다. 이때 등장한 어법이 '뽐뿌배'였다. 갯벌에 수압이 강한 물을 쏘아서 바닥을 뒤집어 개불, 모시조개, 백합, 바지락 등을 닥치는 대로 잡았다. 특히 개불잡이가 심했다. 갯벌 생태계가 파괴되는 것은 당연했다. 어차피 막혀서 육지가 될 판이니 먼저 잡는 사람이 임자라는 식이었다. 남해 개불잡이가 소로 쟁기질하는 것이라면 뽐뿌배는 트랙터로 작업하는 것과 같다. 같은 마을에서 맨손으로 백합을 잡는 어민들과 뽐뿌배로 싹쓸이하는 어민들 사이에 갈등이 빚어지기도 했다.

얼마 전 고창갯벌을 찾았다가 마음먹고 부안 계화도 양지포구를 찾았다. 고창갯벌은 군산의 비응, 김제의 심포 등과 함께 새만금갯벌에 있는 큰 선창이다. 방조제가 생기고 나서 마지막까지 어업을 했던 곳이다. 여전히 많은 배들이 정박해 있었다. 육상식물이 급속하게 확산되면서 갯벌은 육지화되고 있었다. 바닷물인지 민물인지 분간하기 어려운 물은 뻘겋다. 추운 겨울철이라 꽁꽁 얼어붙은 곳도 있었다. 이곳이 언제 바다였던가 하는 생각이 들었다.

사초리처럼 주변 간척으로 개불이 사라졌다가도 조류가 소통하고 해양환경이 안정되면 갯벌생물들은 그곳을 다시 찾는다. 자연의 이치다. 하지만 바닷물이 소통하지 않는 갯벌을 다시 찾는 생물은 없다. 마치 인간만이 소통할 수 있는 것처럼 행세한 오만함이 갯벌과 개불을 사라지게 했다.

개불은 겨울철이면 삽날 한 질 깊이로 올라와 왕성한 먹이활동을 하기 때문에 잡기 쉽다. 또 통통해 맛도 좋다.

생김새와 달리 달달하고 향긋한 맛

　얼마 전에는 안면도 해수욕장에서도 개불 잡는 모습을 봤다. 얼마나 깊이 숨었는지 삽자루가 다 들어가도록 파내도 녀석은 보이질 않았다. 삽질을 하던 사내의 얼굴에서는 땀이 뚝뚝 떨어졌다. 옆에서 삽질하던 주민은 목이 탔던지 막걸리 병을 들고 벌컥벌컥 병나발을 불었다. 해수욕장의 개불잡이는 체력이 관건이다. 아무리 건장한 사람이라도 서너 마리 잡고 나면 나가떨어진다. 그래도 꾸역꾸역 철을 맞아 개불잡이에 나서는 것은 큰돈이 되어서가 아니다. 순전히 겨울철에 맛볼 수 있는 달짝지근 씹히는 맛 때문이다.

　바닷물이 들자 안면도 해수욕장에서 개불을 잡던 사람들이 밖으로 나오기 시작했다. 가족으로 보이는 일행이 바닷물 고인 곳으로 자리를 옮겨 개불을 손질했다. 개불 머리와 털이 있는 꼬리를 자르면 내장이 쏙 빠진다. 깨끗하게 씻어 낸 다음 먹기 좋은 크기로 잘라 초장에 찍어 먹으면 된다.

　개불은 어느 수산시장에서나 쉽게 구할 수 있다. 하지만 좋은 개불을 찾으려면 경남 남해나 사천, 전남 강진이나 완도, 충남 태안과 서산의 수산시장을 기웃거리는 것이 좋다.

　완도 여객선 터미널 옆에 수산물시장이 있다. 막 잡아 온 생선들이 속속 들어왔고, 양식장에서는 전복, 소라, 홍합, 농어, 능성어, 숭어, 광어 등이 자리를 잡았다. 한쪽 구석에서는 초장과 야채를 팔고 있었다. 그 옆에서는 우럭매운탕이 보글보글 끓고 있었다.

홍원항 어시장. 충남 홍원항에 찬바람이 불자 개불이 모습을 드러냈다. 요 며칠 개불을 찾는 사람이 부쩍 늘었다.

주문한 요리가 나오기 전에 상에 오르는 것이 개불이다. 2014년 초 종영한 드라마 〈별에서 온 그대〉에서, 여주인공이 개불을 먹는 장면이 큰 화제를 끌며 덩달아 개불의 몸값도 올랐다.

성질 급한 남자가 소주부터 한 잔 마시며 개불 몇 마리를 주문했다. 아주머니는 익숙한 솜씨로 개불을 도마에 놓고 이빨이 있는 입과 항문을 자르고 손으로 문질렀다. 소화관, 배혈관, 신관, 중장, 생식선, 항문낭, 후장 등 내장이 쏘옥 빠졌다. 길게 자른 후 먹기 좋게 서너 토막으로 썰어 접시에 담았다. 사내는 소주 한 잔을 입에 털어 넣고 개불을 초장에 찍어 우물거리더니 연거푸 한 잔 더 마시고는 우럭매운탕을 그릇에 담았다.

개불은 회로 먹을 때 가장 좋다. 식감과 향기가 최고다. 달짝지근한 이유는 개불에 글리신과 알라닌이 포함되어 있기 때문이다. 고혈압으로 고생하는 분이나 다이어트를 원하는 분에게 권하고 싶다. 요리가 간단하고 시간도 걸리지 않는다. 횟집에서 본 요리가 나오기 전에 개불을 상에 올리는 이유다. 성질 급한 술꾼들은 개불에 소주 몇 잔 돌려야 성이 찬다. 남성 기능 강화에 좋다는 소문도 들리고, 고려 요승 신돈도 즐겼다는 이야기도 전해 온다.

야채와 함께 개불볶음을 하는 것도 방법이고, 김치찌개로 먹을 수도 있다. 사실 개불이 김치찌개와 어울릴 것이라는 생각은 해 본 적이 없다. 오직 개불회만 생각하고 먹어 봤기 때문이다. 개불 김치찌개는 쇠고기나 돼지고기를 함께 넣어 전골로 끓이기도 한 다. 곱창전골과 비슷한 방식이다. 잘 말려서 포로 만들거나 꼬챙 이에 꿰어서 양념장에 재워 두었다가 구워 먹기도 한다. 개불구 이도 있다. 석쇠에 손질된 개불을 올리고 굽는 직화구이와 갖은 양념을 더해 곱창구이처럼 굽는 방법이 있다.

망둑어
어물전에서 뛸 만하다

어물전 망신은 꼴뚜기와 함께 '망둥이'가 시키고, 숭어가 뛰니 망둑어가 뛴다는 식의 표현을 보면, 망둑어는 그리 대접받는 생선은 아닌 것 같다. 허나 그건 도깨비 같은 생김새나 갯벌 위를 부산스럽게 뛰어다니는 모습에서 오는 편견일 뿐, 사실 맛으로나 영양으로나 여느 생선에 뒤지지 않는다. 찬바람이 불어올 무렵, 우리 밥상을 풍성하게 하는 주인공은 누가 뭐래도 망둑어다.

올 겨울 가장 춥다는데, 한 노인이 낚싯대 3개를 선창에 펼쳐 놓고 쪼그려 앉아 있었다. 그냥 쳐다보기 뭐해서 "손맛 좀 보셨어요?"라며 말을 걸었다. 노인은 찌를 보며 "세 마리 잡았어요. 지금은 망둥이밖에 안 물어요."라며 말을 이었다. 감성돔은 남쪽 먼 바다 따뜻한 섬으로나 가야 잡히므로, 초겨

망둑어 낚시는 공갈낚시라고 한다. 미끼 없이 바늘만 줄에 달아서 넣어도 문다고 해서 붙여진 이름이다. 어느 시인은 낚시에 걸려 몸부림쳐 바다로 탈출한 지 3초도 되지 않아 다시 무는 것이 망둑어라고 했다. 이게 어찌 망둑어뿐이랴.

울에 방조제와 다리 위에서 쉽게 손맛을 즐길 수 있는 것은 망둑어 낚시뿐이다. 특별한 기술이나 미끼 없이 나뭇가지에 줄을 매달기만 해도 잡을 수 있다.

태공들은 망둑어 낚시를 인정하지 않지만, 시화방조제에서 영

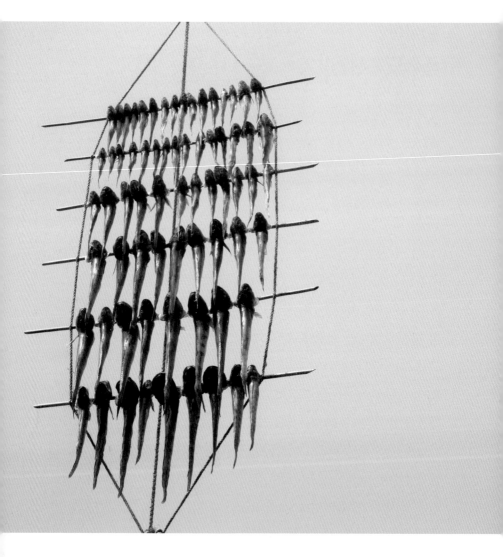

'봄 보리멸 가을 망둑'이라고 했다.
가을에 망둑어를 잡아서 말렸다가 겨우내 찜으로 먹으면 맛이 그만이다.

암방조제까지, 인천 송도갯벌에서 남해갯벌까지 어디에서나 많은 사람들에게 즐거움을 주는 고마운 생선이다. 여기서 그쳤다면 유배객 김려가 망둑어를 노래하지 않았을 것이다. 어떤 환경에서든 생존하는 강인한 생명력은 접어 두자. 민초들의 호주머니를 생각하는 착한 가격, 육질의 쫄깃한 씹힘과 고소한 식감이 망둑어를 오늘날 밥상의 주인공으로 당당히 올려놓았다.

잠이 신세를 망친다?

망둑어는 헤엄을 치기도 하고, 갯벌 위를 걸어 다니기도 하며, 급할 때는 뛰어가기도 한다. 배 앞쪽에 변형된 둥근 지느러미가 있어 빠르게 흐르는 물살에 휩쓸리지 않고 빨판처럼 바닥에 딱 붙을 수도 있다. 이렇게 민첩한 망둑어지만 잠에는 장사가 없다. 잠이 많은 사람을 두고 '누가 업어 가도 모른다.'고 하는데 망둑어가 꼭 그렇다.

밤에는 몸과 꼬리를 물에 담그고 머리만 내놓고 깊은 잠에 빠진다. 손놀림이 잽싼 사람은 그냥 줍는다. 그래서 김려는 『우해이어보』에 망둑어를 수문(睡鯢)이라 기록했다. 그가 유배생활

망둑어를 잡기 좋은 시간은 밤이다. 물이 빠진 갯벌로 살금살금 다가가 손전등을 비추면 개웅이나 갯벌 위에 어김없이 망둑어가 잠을 자고 있는 것이 보인다.

을 했던 진해에도 망둑어가 많았다. 수문은 '잠자는 문어'라 해야
할까, '잠자는 날치'라 해야 할까. 망둑어가 뛰는 것을 좋아하니
날치에 빗대었는지 모르겠다.

그 기록을 보면 '가리(가래)'를 만들어 잡았다고 했다. 가래로 숭
어를 잡는 것은 보았지만 망둑어를 잡는 것은 직접 보지 못했다.
개웅(갯고랑)이나 수심이 낮은 곳에 납작 엎드려 있는 망둑어를
잡는 모습은 숭어를 잡는 것과 다르지 않을 것 같다. 더구나 녀석
들이 무리를 지어 있는 모습도 숭어와 닮았다. 꼭 이런 모습을 노
래한 시가 있다. 김려가 「우산잡곡」에 쓴 글이다.

검푸른 진흙 벌 바닷가 후미진 구석에　黔泥岸坼海門隈
밤새도록 솔가지 횃불 몇 개씩 켜 있더니　五夜松明數點開
대나무 통발을 긴 자루로 높이 들고서　長柄高挑編竹桶
어촌 아이들 문절망둑 잡아 돌아오는구나　村童捕得睡鮫回

『자산어보』에는 어떻게 소개되었을까.

"큰 놈은 두 자가 조금 못 된다. 머리와 입은 크지만 몸은 가늘
다. 빛깔은 황흑색이며 고기 맛은 달고 짙다. 조수가 왕래하는 곳
에서 돌아다닌다. 성질이 완강하여 사람을 두려워하지 않으므로
낚시로 잡기가 매우 수월하다. 겨울철에는 진흙을 파고 들어가
동면한다. 이 물고기는 그 어미를 잡아먹기 때문에 무조어(無祖
魚)라고 부른다."

순천에서는 문저리, 무안이나 신안에서는 운저리라고 부른다.

망둑어는 문절망둑과 풀망둑이 대표적이다. 식탁에 많이 오르는 망둑어는 문절망둑이다.
전라도에서는 운저리, 문저리라고도 부른다. 대부도 연목갯벌에서 만난 문절망둑이다.

한자어로 옮기면서 생겨난 이름으로 여겨진다.

　망둑어는 닥치는 대로 먹는 육식성 어류로 30㎝ 가량 자란다. 두해살이로 몸뚱이에 비해 대가리가 큼직하다. 자세히 살펴보면 얼굴 모양새가 도깨비처럼 보이기도 한다. 갯벌이나 모래펄에서 지렁이, 게, 새우 등과 같은 저서생물이나 작은 물고기를 먹는다. 어엿한 물고기로 이름을 올렸지만, 평상시에는 제대로 대접을 받지 못하다가, 날이 쌀쌀해져 다른 어류들이 겨울을 나기 위해 깊은 바다로 갈 무렵 망둑어의 가치와 값이 뛴다. 게다가 겨울잠을 자야 해서 가을철에는 먹성이 몇 배로 증가해 살이 토실토실해진다. 그래서 '봄 보리멸 가을 망둑'이라고 했다. 가을에 망둑어를 잡아서 말리는 것도 이런 이유 때문이다.

전라북도 김제시 심포. 갯벌이 좋아 백합구이와 백합탕이 유명했던 곳이다.
새만금사업으로 백합은 사라졌고, 서투른 낚시꾼이나 가끔 와서 손맛으로 즐기던
망둑어도 이제는 어부들이 앞 다투어 그물로 잡는다. 꿩 대신 닭인가. 망둑어도
오래가지 못할 것 같다.

풋고추가 여물 무렵 망둑어도 맛이 든다

백합구이로 주말이면 문전성시를 이루던 김제 심포. 그 많던 백합은 없고, 횟집 수족관에는 어디서 가져왔는지 우럭 몇 마리가 행세를 하고 있다. 그리고 햇볕 잘 드는 뭍에 망둑어가 가득하다. 잡은 지 얼마 되지 않았는지 물기가 채 가시지 않았다. 민물인지 바닷물인지 애매한 새만금에서 숭어가 자리를 잡더니 이제는 망둑어가 행세를 한다. 비슷한 모습을 시화호에서도 봤다. 이전에는 지역 어민들이 반찬용으로 잡았을 뿐인데, 지금은 생계형으로 그물을 쳐서 대량으로 잡고 있다.

망둑어는 고추 크듯 자란다. 풋고추가 여물 무렵이면 망둑어도 맛이 들기 시작한다. 이때 잡은 망둑어를 손질해 된장에 찍어 먹으면 고소하다. 마산 사람들은 봉암갯벌에서 잡은 망둑어 맛을 잊지 못해 '꼬시래기'라고 했다. 경남 사람들은 고소하고 맛있는 음

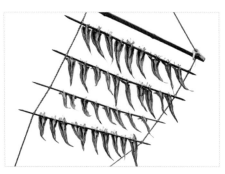

10년쯤 된 오래된 기억 하나. 영흥도의 아름다운 마을 숲에 들렀다가 선창에 걸린 망둑어를 보고 침을 꼴딱 삼킨 일이 있다. 대나무 꼬챙이에 열 마리씩 꽂혀 마르고 있었다. 기다리다 못해 주인이 몇 개 빼먹었는지, 나처럼 길손이 참지 못하고 손을 댔는지 이빨 빠진 것처럼 몇 마리가 빠진 채 걸려 있었다.

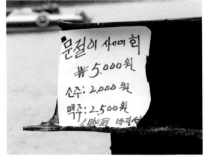

지금은 순천만 정원으로 변한 대대포구에 예전에는 그물을 쳐 짱뚱어와 망둑어, 장어를 잡아 생활하는 가구가 몇 있었다. 포구에서 바로 썰어 주는 문절이회에 소주 한 잔은 술꾼들에게 가뭄에 단비와 같았다.

식을 먹으면 "아, 꼬시다!"라고 감탄한다.

망둑어를 많이 먹는 지역은 갯벌이 발달한 곳이다. 대표적으로 남양만(화성 일대), 순천만 등이다. 경기도 안산 대부도, 구봉도, 인천 옹진군 영흥도와 선재도에서는 망둑어를 나무에 꿰어 줄줄이 매단 모습을 쉽게 볼 수 있다. 고흥, 벌교, 순천 화포에서는 망둑어를 손질해 담장 옆 채반에 널어놓은 모습을 종종 볼 수 있다. 막 잡은 망둑어의 아가미로 손을 넣어 가위로 자른 다음 내장을 꺼내 소금물에 깨끗하게 씻어 내고 해풍에 건조시킨다.

김려는 문절망둑을 죽으로 만들어 먹으면 향기가 그윽해 쏘가리와 같고, 회로 먹으면 더욱 맛이 좋다고 했다. 남해 사람들은 "문절망둑을 먹으면 잠을 잘 잔다."고 했는데, 실제로 김려는 우환으로 불면증에 시달릴 때 매일 문절망둑을 먹고 효과를 봤다. 고기의 성질이 차서 마음의 화를 다스리고 폐를 건강하게 하기 때문일 것이라고 처방전까지 적었다.

마른 망둑어는 찜으로 먹기 좋다. 미리 반나절을 물에 불린 망둑어에 양념을 얹

망둑어무침을 밥상에 올리려면 부지런해야 한다. 새벽같이 무안이나 목포 혹은 화성이나 안산(대부도) 등 좋은 갯벌이 있는 인근의 시장으로 발품을 팔아야 한다. 싱싱하지 않으면 무침용 식재료로 사용할 수 없다.

조기, 감성돔과 함께 망둑어찜이 당당히 밥상에 올랐다. 누가 망둑어를 숭어와 견주었던가. 누가 망둑어가 어물전 망신을 시킨다고 했던가. 망둑어 맛도 모르면서 생선 맛을 안다고 논하지 말라.

망둑어를 말려서 북어처럼 죽 찢어 내왔다. 동해를 주름잡던 명태는 이제 수입산이 아니면 구경하기 힘들고, 지구온난화로 황태는 강원도 깊은 산골짜기로나 가야 맛볼 수 있다. 그러나 망둑어는 아직 서해 갯벌에 지천이다. 명태가 그랬던 것처럼. 망둑어 맛을 계속 보고 싶거든 주방 세제, 일회용품 적게 쓰고, 갯벌에 관심을 가질 일이다.

망둑어는 얼마간 뭍에서도 생활할 수 있을 만큼 생명력이 강하다. 회는 살아 있는 망둑어가 아니면 먹을 수 없기에 신선도가 특히 중요하다. 그러므로 산지나 그곳에서 가까운 식당이 아니면 피하는 것이 좋다.

어 찐다. 먹기 전에 추가 양념을 하면 더욱 맛있고, 따뜻할 때 막걸리와 함께 먹으면 잘 어울린다. 또 망둑어 구이는 맥주 안주로도 훌륭하다. 조림으로 먹으려면 싱싱한 망둑어가 좋다. 비늘과 내장을 긁어내고 막걸리로 조물조물해서 냄새를 제거한 다음 무를 납작하게 썰어 깔고 망둑어를 올려놓는다. 쌀뜨물을 좀 부어 비린내를 잡기도 한다. 그리고 갈치조림을 하듯 자작하게 끓여 양념을 얹어 먹는다.

일몰이 좋고, 해안도로가 아름다운 여수 섬달천 마을 다리에서 망둑어 낚시를 하는 사람을 만났다. 몇 마리 잡은 망둑어를 썰어서 소주잔을 기울이고 있었다. 씻지도 않고 내장만 제거한 후 된장을 얹어 먹고 있었다. 칼로 쓱쓱 문지르고는 뚝 잘라서 내게 권

망둑어는 세계적으로 2,000여 종이 있으며 이중 200여 종만 민물에 서식한다. 우리나라에 사는 망둑어과 어류는 60여 종이고 말뚝망둥어와 큰볏말뚝망둥어 2종을 제외한 나머지는 '망둑어'나 '망둑'이라는 이름이 붙는다(최윤, 『망둑어』, 지성사, 2011). 이중 세인에게도 알려진 짱둑어, 풀망둑, 물절망둑어가 식용을 대표한다. 물절망둑은 지역에 따라 운저리, 망둥이, 범치, 문절이, 고생이, 무조리, 문주리 등으로도 부른다.

이제는 사라져 버린 마을. 군산시 하제. 새만금사업으로 바다와 갯벌을 잃고, 미군기지가 확대되면서 마을도 사라졌다. 한 집 두 집 철거되고 있을 때 어느 집에선가 겨울을 날 식량을 마련하려는지, 설에 찾아올 자식들에게 주려는지 망둑어를 널어놓았다. 망둑어는 꾸덕꾸덕 마르고 있었다.

했다. 움찔하며 뒤로 물러났지만 강권에 못 이겨 한 점을 입에 넣었다. 고소했다. 어디서 구했는지 깻잎도 준비해 구색을 갖췄다. 생각보다 비릿한 맛도 적었다. 소주를 털어 넣으니 깔끔했다.

 망둑어 요리 중 으뜸은 회무침이다. 우리나라 최초의 연안습지 보호지역인 무안갯벌로 가는 길목에 '봉오제'라는 곳이 있다. 그곳에 망둑어 요리 전문집이 있다. 무를 채 썰어 망둑어와 무쳐 내오면 막걸리와 함께 먹다가 따뜻한 밥에 비벼서 마무리한다. 제주의 물회가 그렇듯이 황토밭에서 양파나 고구마 작업을 하다가 허기를 달랠 때 쉽게 만들어 먹을 수 있는 음식이었다. 더 늦기 전에 한 번 더 다녀와야겠다.

오늘은 만선이다. 갈매기가 먼저 눈치를 챘다.
어장에서부터 인심 좋은 선장을 만나 모처럼 도루묵 맛을 본 모양이다.
그 맛을 잊지 못하고 항구까지 따라왔다.

도루묵
겨울 동해의 진객

도루묵은 임금이 피난길에서 그 맛을 보고는 성찬이라며 '은어'라 칭했다. 전쟁이 끝나고 궐로 돌아와 그 맛이 생각나 다시 찾아 먹어 보니 옛 맛이 나지 않아 그 이름을 도로 물리라 해서 도루묵이 되었다. 하지만 살이 부드럽고 맛도 담백하며, 곡물을 주식으로 삼는 우리나라 사람들에게 부족한 아미노산이 풍부하다고 하니, 이만하면 도루묵이라는 이름을 다시 물리고 '은어'라 불러도 손색없겠다.

팔딱거리는 싱싱한 도루묵을 보기 위해 새벽같이 주문진항을 찾았다. 그런데 도루묵은 없고 오징어 배만 연신 들어왔다. 너무 늦은 것일까. 한참을 기다려도 도루묵을 잡은 배는 들어오지 않았다. 하릴없이 주문진항을 거닐다 햇볕에 말리고 있는 도루묵을 보고 내 눈을 의심했다. 저것은 분명 망둑어인데, 갯벌이 없는 동해안 그것도 주문진에 있을 리가 없는데. 다가가 보니 머리를 떼어 낸 모습이 새만금갯벌에서 보았던 머리를 잘라 낸 망둑어와 흡사했다.

도로 묵이라 불러라

도루묵은 도루묵이, 도루맥이, 은어(銀魚), 목어(木魚), 환목어(還木魚), 환맥어(還麥魚)라고도 불렸다. 『전어지』에는 "배 쪽이 운

채반에 말리는 토루묵을 보고 김제에서 본 망둑어로
착각했다. 머리를 제거하고 내장을 빼낸 다음 꾸덕꾸덕
말린 것이 비슷했기 때문이다. 소금으로 간질해서 보관
하는 대신에 햇볕에 말려 탕이나 조림으로 요리한다.

모분과 같이 희고 빛이 나므로 그 지방 사람들이 은어라고 부른다."고 했다.

조선 정조 때 나온 이의봉이 편찬한 『고금석림』에 쓰인 도루묵의 유래는 이렇다. 고려시대 어느 임금이 난리를 피해 동해안을 지나고 있었다. 신하들은 전쟁 중이라 마땅히 수라상에 올릴 것을 찾지 못했다. 하는 수 없이 그곳에서 많이 잡히는 생선을 올렸다. 맛을 본 임금은 이름을 물었지만 신하들은 물론 어부들도 그 이름을 알지 못했다. 임금은 "맛도 뛰어나고, 은빛이니 은어로 부르거라."라고 명했다. 훗날 환궁한 임금은 그 맛을 잊지 못해 은어를 다시 찾았다. 하지만 배고픈 피난 시절과 산해진미를 먹는 시절의 도루묵 맛이 같을 리 없었다. 자신의 입맛이 변한 것은 모르고 "도로 물려라."라고 호통을 쳤다. 그래서 환목어 즉, 도로목어가 되었다. 도로목, 도루묵이 된 유래다. 목어라고 불리다가 임금이 은어라 이름 지어 주었고, 뒤에 다시 목어가 되었다는 이야기다. 함경도에서는 지금도 도루묵을 '은어'라고 부른다. 배가 은색 혹은 백색이기 때문이다.

비슷한 이야기지만 주인공이 고려 임금 대신 조선 선조인 이야기도 전한다. 임진왜란 피난길에 오른 선조가 한 어부가 바친 '묵'이라는 물고기 맛을 보고 흡족해 '은어(銀魚)'라는 이름을 하사했다. 전쟁이 끝난 후 피난길에 먹었던 은어가 생각나 다시 찾았다. 하지만 옛날 맛을 느낄 수 없었다. 선조는 수라상을 물리며 "도로 묵이라 불러라."했다고 한다. 그러나 도루묵은 냉수성으로 선조가 피난했던 의주에는 나지 않는 물고기다.

이런 유래 때문에 계획대로 되지 않고 원래로 되돌아온 것을 '말짱 도루묵'이라 한다. 헛된 일이나 헛수고를 일컫는 속된 말이다. 조선 인조 때 대제학, 예조판서를 지낸 문신 택당 이식의 『택당집』에 「환목어」라는 시가 있다. 자신의 처지를 도루묵에 빗대어 지은 것으로 알려진다.

목어라 부르는 물고기가 있었는데, 해산물 가운데서 품질이 낮은 거라
번지르르 기름진 고기도 아닌데다, 그 모양새도 볼 만한 게 없었다네
그래도 씹어 보면 그 맛이 담박하여, 겨울철 술안주론 그런 데로 괜찮았지

전에 임금님이 난리를 피해 오시어서, 이 해변에서 고초를 겪으실 때
목어가 마침 수라상에 올라와서, 허기진 배를 든든하게 해드렸지
그러자 은어라는 이름을 하사하고, 길이 특산물로 바치게 하셨다네

난리가 끝나 임금님이 서울로 돌아온 뒤, 수라상의 진수성찬 서로들 뽐낼 적에
불쌍한 이 고기도 그 사이에 끼었는데, 맛보시는 은총을 한 번도 못 받았네
이름이 삭탈되어 도로 목어로 떨어져서, 순식간에 버린 물건 푸대접을 당했다네

잘나고 못난 것이 자기와 상관없고, 귀하고 천한 것이 때에 따라 달라지지
이름은 겉치레에 불과하고 버림받은 것이 그대 탓이 아니라네
넓고 넓은 저 푸른 바다 깊은 곳에, 유유자적하는 것이 그대 모습 아니겠나

벌린 입을 줄로 꿰어 엮어 놓은 도루묵이 바람과 햇볕을 받아 맑고 투명하게 마르고 있다.

여름에 도루묵이 잡히면 흉년이 든다

또한 도루묵 떼가 몰려 온 다음에는 명태가 뒤따라온다는 전설 같은 이야기도 있다. 그래서 함경도에서는 명태를 일컬어 '은어바지'라고 불렀다. 『세종실록지리지』에는 함경도와 강원도의 특산품으로 기록되어 있다. 일본에서는 바람이 불고 천둥이 치는 겨울철에 잡히는 고기라 해서 뇌어(雷魚)라고 이름 붙였다. 거친 파도로 물고기들이 바위 밑으로 숨을 때 연안에 알을 낳는 지혜로운 고기라는 이야기도 전한다.

날이 따뜻할 때는 우리나라 동해, 일본, 러시아 캄차카반도, 사할린, 미국 알래스카 바다에서 볼 수 있으며, 수심 200m의 진흙이나 모래에 머문다. 여름에 도루묵이나 명태가 많이 잡히면 흉년이 든다는 말이 있는데, 한류성 어종이 여름에 많이 잡힌다는

살아 있는 알도루묵은 회로는 맛이 없지만 수도루묵은 좋다.
식감이 사각사각하면서도 부드럽고, 맛은 고소하다.

면서 제철에 잡은 도루묵을 급랭시켜 1년 내내 요리를 만드는 전문점도 생겨났다.

도루묵은 조림, 구이, 매운탕, 식해 등으로 요리한다. 조림은 무를 깔고 내장과 머리를 떼어 낸 도루묵을 올린 다음 다진 마늘, 생강, 고춧가루, 대파, 간장 등으로 만든 양념장을 끼얹고 물을 약간 부어 조린다. 구이나 매운탕도 다른 생선을 이용해 요리할 때와 다르지 않다.

하지만 식해 요리는 좀 각별하다. 함경도에서는 도루묵을 가자미, 명태, 횟대 등과 함께 식해로 만들어 겨울 저장 음식으로 먹었다. 식해는 생선에 양념을 해서 삭혔다 먹는 젓갈의 일종이다. 내장과 머리를 제거한 도루묵을 잘 씻어 낸 다음 소금을 뿌려 사흘 정도 바람이 잘 통하는 곳에서 꾸덕꾸덕 말린다. 그리고 기장쌀로 밥을 해서 고춧가루, 다진 마늘, 생강, 소금과 버무린 다음 항아리에 도루묵 한 줄에 밥 한 줄씩 켜켜이 담고 보름이나 스무날 정도 숙성시킨다. 엿기름물로 삭히기도 한다. 그 후 무를 넓적하게 썰어 소금에 절여서 물기를 꼭 짜낸 다음 삭힌 도루묵과 고춧가루, 다진 마늘, 생강을 넣고 버무려 다시 삭힌다. 빠르면 일주일 만에 먹기 시작한다.

아쉽게도 남쪽에서는 도루묵 식해를 맛볼 수 없으니, 대신 오랫동안 도루묵 요리만 고집하는 삼척의 잘 알려진 전문집을 찾아 나섰다. 가게는 생각했던 것과 달리 한적했다. 양이 꽤 많아 보였지만 언제 다시 와 보겠나 싶어 도루묵구이와 조림을 주문했다. 도루묵구이는 통째로 구워 나왔다. 도루묵은 살이 연하고 부드러워 살짝만 구워야 한다. 지느러미와 아가미를 제거하면 뼈째로 씹어 먹을 수도 있다. 비린내가 나지 않고 담백해 그냥 먹어도 좋다. 그래서 "도루메기는 겨드랑이에 넣었다 빼도 먹을 수 있다."고 했나 보다.

무엇보다 구이의 진미는 알이다. 먹어 보니 입 안에서 알이 통통 터졌다. 다 자란 도루묵이 26㎝ 정도인데 알은 3~4㎜다. 몸 크기에 비해서 알이 크다. 명태나 대구의 알보다 훨씬 크다. 보통 알을 익히면 푸석거리는데 도루묵 알은 두꺼운 껍질의 식감과 쫀

도루묵구이는 회와 달리 알도루묵을 사용한다. 생선 크기에 비해 알이 크고 껍질의 탄력이 좋아 씹는 맛이 있다. 뼈째로 씹어 먹을 수 있으며 버릴 게 하나도 없다. 살아 있는 도루묵을 손질해서 급랭시켜 보관하기 때문에 삼척이나 고성 등의 전문점에서는 1년 내내 맛볼 수 있다.

도루묵조림은 무와 감자를 깐 뒤 도루묵을 올려놓고 갖은 양념을 끼얹어 요리한다. 구이와 달리 뼈를 발라내며 먹는 것이 좋다. 구이가 술 안주용이라면 조림은 밥과 먹는 것이 제 맛이다.

득거리며 고소한 맛이 일품이었다. 알이 원폭피해자들에게 특효약으로 알려지면서 일본에서는 없어서 못 파는 생선이기도 했다. 또한 도루묵에는 EPH와 DHA가 풍부하다. 무엇보다 주식이 곡물인 우리나라 사람들에게 부족하기 쉬운 아미노산인 '리진'이 다량으로 함유되어 있어 영향 균형에 큰 역할을 한다.

도루묵, 새해 일출과 함께 동해를 물들이다

새해 아침 해를 보기 위해 다시 동해를 찾았다. 전라도에서 생활하는 나에게 동해안의 일출은 특별하다. 일출만 생각하면 단숨에 정동진으로 내려갔겠지만, 도루묵을 잡아 포구로 돌아오는 고깃배의 생생한 모습도 욕심이 났다. 그래서 새벽에 잠깐 열리는 삼척 개미시장을 들르고는 득달같이 장호항으로 내달렸다. 일출도 볼 수 있고 도루묵 어장도 괜찮은 포구니 일거양득이다

도루묵은 새벽에 잡는다. 보통 4시를 전후해서 바다로 나가 동틀 무렵까지 미리 넣어 둔 그물을 털어 온다. 산란하기 위해 연안으로 몰려오는 겨울철이 맛도 좋고 잡기도 수월하다.

주문진 어시장에 금방이라도 바다로 뛰어들 것처럼 싱싱한 도루묵이 가득하다. 한 바구니 가득 담아 만 원짜리 한 장만 달라는 목소리를 뿌리칠 수 없어 갈 길이 먼데 사고 말았다. 아이스박스와 얼음 값이 더 나갈 것 같다.

싶었다.

다행히 날씨도 도와주었다. 나처럼 새 해 일출여행의 번잡함을 피하면서 한적 하게 해맞이를 하려는 사람 몇몇이 벌써 자리를 잡고, 발을 동동거리며 불그스름 하게 타오르는 동쪽 바다를 응시하고 있 었다. 아쉽게 바다에서 바로 떠오르는 해는 볼 수 없었지만, 바다 한 뼘 위 구 름 속에서 붉은 혀를 쏘옥 내밀 듯 떠오 르는 해를 맞았다.

해가 뜨자 새벽에 도루묵과 오징어를 잡기 위해 나갔던 배들이 들어왔다. 그 중 갈매기가 가장 많이 따라오는 배를 기다렸다. 갈매기는 인심 후한 선장을 가장 잘 안다. 갈매기가 따른다는 것은 만선을 했거 나 많이 잡았다는 증거이고, 그러면 낯선 이의 카메라와 황당한 질문에도 너그럽게 대답해 줄 것이다. 가까이 가서 보니 쨘오징어 (새끼 오징어)를 잡아 온 배들이 많았지만 서운치 않게 도루묵도 꽤 올라왔다. 이 정도면 새해 일거양득으로 손색이 없을 것 같았다.

큰 깡통으로 만든 난로에 통나무가 들어가자 불길이 일출처럼 솟아올랐다. 따뜻한 물에 잠깐 손을 적신 어머니들의 손놀림도 바빠졌다.

펄밭에서 널배는 자가용과 같다. 집집마다 가족 수보다 널배가 더 많다.
보기에는 스키를 타듯 멋지게 미끄러지지만 직접 해 보면 수월치 않다.
힘으로 타는 것이 아니라 세월로 탄다. 수십 년 펄밭 인생으로 얻은 면허증이다.

산 자도 죽은 자도
잊지 못하는 맛

보성, 고흥, 여수 등과 같은 꼬막마을에서는 어떤 문전옥답도 부럽지 않다. 꼬막밭 덕분이다. 마치 스키처럼 갯벌 위를 미끄러지는 '널배(뻘배)'를 타고 꼬막을 잡는 일은, 종종 도회로 나간 자식들도 돌아오게 할 정도로 풍요로운 노동이다. 꼬막밭을 그렇게 넉넉한 일터로 만든 것은, 단연 꼬막의 맛이다. 대작 『태백산맥』 기행마저 꼬막 식후경으로 만든 그 맛이 궁금하다.

보성군 벌교읍 장도의 섬마을, 물이 빠지고 있는 갯벌에 '널배'를 챙겨 든 주민들이 하나 둘 모여들었다. 일찍 도착해 모닥불을 피우고 추위를 쫓는 사람도 있었다. 어젯밤 늦게야 알고 광주에서 택시를 타고 왔다는 주민도 있었다. 마을 꼬막밭을 트는 날이다. 한 집에서 한 명씩은 반드시 참석해야 한다. 참석하지 않으면 벌금을 내는 것에 그치는 것이 아니라 연말에 수익금을 나눌 때도 영향을 미친다. 그래서 서울이나 부산으로 자식들을 만나러 갔던 사람들도 이 날만큼은 열 일 뒤로 하고 귀향한다. 나이가 많아 일을 하기 어려운 집에서도 아들이든 딸이든 사위든 누군가가 대신 참석한다. 바닷물이 빠지자 어촌계장의 신호에 따라 수십 명이 널배를 타고 미끄러지듯 꼬막밭으로 향했다. 그 모습은 아름답다 못해 장엄했다.

다시 찾은 꼬막 문전옥답,
정년 없는 일터가 되다

장도는 벌교꼬막의 원조다. 꼬막을 파는 상인들이 '벌교' 브랜드를 사용하듯, 벌교시장에서는 '장도꼬막'을 내세운다. 꼬막이 돈이 되기 전, 장도 사람들은 갯벌을 막아 쌀농사를 지었다. 꼬막을 채취하든 아니든 장도 사람들은 오랫동안 꼬막밭에 의지해 살아온 셈이다.

꼬막은 벌교꼬막을 최고로 치지만, 벌교에서는 그중에서도 장도꼬막을 으뜸으로 내세운다.

꼬막을 채취하기 시작한 것은 일제강점기부터였다. 일본인이 이웃 개섬에 정착해 여자만 일대 꼬막밭을 차지했을 때, 장도 사람들은 자신들의 바다를 잃고 일본인 꼬막밭에 고용되어 날일을 해야 했다. 해방이 되자 꼬막밭 관리인을 했던 사람이 주인 행세를 하고 나섰다. 뭐가 없으면 거시기가 대신한다던 말이 틀린 말이 아니다.

마을에서 어장 관리를 시작한 것은 청년회와 마을 주민이 나서 꼬막밭을 되찾은 1960년 후반에서였다. 그때까지 자신들의 문전옥답에서 철철이 수확물 거두어 가는 것을 그저 두 눈 벌겋게 뜨고만 바라봐야 했을 섬사람들의 고통이 오죽했을까. 지금은 68호 마을 주민들이 공동으로 관리하는 공동방천(꼬막밭을 '방천'이라고 한다)과 개인이 관리하는 개인방천이 있다. 공동방천을 운영한 소득으로는 마을 임원의 활동비나 꼬막밭 운영비로 사용하고, 남은 것은 연말에 정산해서 어촌계원들에게 배당한다.

어촌계원이라면 모두 꼬막 작업에 참여해야 한다. 부득불 참석이 어려워 마을 주민들이 양해한 사람을 제외하고 참석하지 않은 사람에게는 벌금 7만 원을 부과한다. 이것은 장도마을의 불문율이다. 의무를 다해야 공평하게 배당금을 받을 권리도 주어진다. 다만 노인들은 참여하지 않아도 약간의 배당금을 지급한다. 그동안 갯벌을 지키고 관리해 온 어른에 대한 예우이다.

그러다 최근에는 작업에 참여한 사람들에게 10만 원의 일당을 지급하고 있다. 집안에 상을 당했거나 결혼식이 있는 경우처럼 피치 못할 사정이 아닌 이런 저런 이유로 작업에 참여하지는 않고 벌금 7만 원을 낸 후 배당금을 분배받는 사람들이 생겨나자 형평성을 고려해 만든 계책이다. 무임승차하려는 사람들은 어디에나 있기 마련이다. 작업에 참석하지 않으면 일당과 벌금을 합해 얼추 20만 원 가까이 손실을 보기 때문에 주민들은 대부분 참석한다.

바람과 추위를 막기 위해 껴입은 옷과 목이 긴 장화에 겉옷까지 한 짐이다. 이것도 모자라 널배에 함지박까지 옆에 끼고 물 빠진 갯벌로 향하는 어머니들의 모습을 보니 힘들다는 생각은 사치인 것 같다.

마을에 좋은 꼬막밭 하나 있으면 도시에 사는 직장인들 부럽지 않다. 계속 유지만 된다면 꼬막밭은 소득이 만만치 않고 정년도 없는 일터이기 때문이다. 그래서 부모가 지켜 온 갯벌로 다시 돌아오고 싶어 하는 자식들도 종종 있다.

뻘배는 '세월'로 탄다

꼬막은 전라도 여자만과 가막만이 주산지다. 그중에서도 보성 벌교와 고흥 남양이 유명하다. 이외에 충남 서산과 전남 여수 등지에서도 꼬막이 많이 잡힌다. 모두 파도의 영향을 적게 받는 내만이거나 섬과 섬 사이의 펄갯벌이 발달한 곳이다. 이들 지역은 펄의 깊이가 수 미터에서 10여 미터에 이르러 물이 빠져도 걸어 다닐 수 없다. 그래서 어민들은 길이가 어른 키보다 길고 폭이 어깨 넓이만 한 '뻘배('널배'라고도 부른다)'를 타고 이동한다. 뻘배는 앞부분이 스키처럼 위로 살짝 구부러졌고, 미끄러지는 모습도 눈밭을 누비는 스키와 같아 '갯벌스키'라고도 한다.

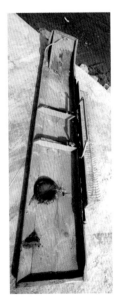

뻘배에 철사 갈퀴를 매단 것을 주민들은 '기계'라고 부른다. (사진 출처: 강진군청)

뻘배에는 두 종류가 있다. 꼬막을 손으로 잡을 때 타는 '손뻘배'와 기계를 이용해 잡을 때 타는 '기계뻘배'가 있다. 기계는 판자에 굵은 철사 200여 개를 박아 갈

기계로 갯벌을 훑어 꼬막을 걸러내는 모습

저어새가 부리를 저어 먹이를 찾듯 어머니들이 손으로 갯벌을 저어 꼬막을 찾는다.

아침을 먹고 시작한 꼬막 채취는 해가 뉘엿뉘엿 질 무렵 끝이 난다.
물이 빠질 무렵 시작해서 물이 들어오면 마무리하기 때문이다.
작업 시간은 시계가 아니라 물때가 결정한다.

뻘배는 빈 배보다는 꼬막의 무게가 더해질 때 오히려 더 잘 미끄러진다. 요란하지 않게 갯벌을 가르며 존재감을 드러낸다.

꼬막을 다 캐고 어머니들이 돌아가면, 꼬막을 세척하고, 걸러내고, 어린 것은 돌려보내는 일은 사내들의 몫이다.

퀴를 만들어 갯벌을 긁으며 꼬막을 잡는 도구다. 갯벌 위에서 작은 눈(꼬막 숨구멍)을 보고 손을 집어넣어 잡는 것보다 기계를 이용하는 것이 훨씬 힘이 많이 든다. 맨몸을 움직이기도 힘든데 뻘배와 기계를 함께 밀어야 하기 때문이다.

어머니들이 뻘배를 타고 갯벌 누비는 것을 보면 쉬워 보이지만, 의외로 힘이 많이 들고 숙련된 기술이 필요하다. 한 발을 기다란 널판자 위에 올려놓고 다른 발로 갯벌을 밀어 이동한다. 꼬막을 잡을 때는 판자 위에 올려놓은 물동이에 가슴을 대고 엎드려 조금씩 이동해 가며 양손으로 열심히 갯벌을 휘젓거나 주무른다. 저어새가 부리를 박고 열심히 저어 대는 것과 같다. 나도 용기를 내 뻘배를 탔다가 주민의 뻘배에 실려 나와야 했다.

꼬막이 손에 걸리면 뻘배 위에 있는 그릇에 담는다. 그릇에 꼬막이 가득 차면 망에 담아 뻘배에 올려 두고 다시 반복해 꼬막을 잡는다. 남성 10여 명이 뻘배를 타고 꼬막 잡는 어머니들 사이를 씽씽 달리며 어머니들이 갈무리해 놓은 꼬막 망을 배 위로 옮긴다. 배 위에 있는 사내 예닐곱 명은 꼬막을 바지선 위에 붓고 바닷물로 깨끗하게 씻는다. 그리고 상품 가치가 없는 것들을 모두 걸러 내고 어린 꼬막은 다시 갯벌로 돌려보내는 일을 한다. 이를 성패선별작업이라 한다. 마지막으로 20kg씩 망에 집어넣으면 일단 작업은 끝난다.

꼬막섬인 보성 벌교의 장도에는 한 집에만 뻘배가 서너 개 있다. 20, 30년은 기본이요, 50여 년 동안 뻘배를 탔던 어머니도 계신다. 매일 물이 들고 빠지는 갯벌에 기대어 살 수밖에 없었던 이들에게 뻘배는 손이고 발이었다. 시집와서 밥 못 짓는 것은 용서받을 수 있어도 뻘배를 못 타는 것은 큰 흉이었다. 뻘배는 생활이고 생계 수단이었지만 며칠 만에 익힐 수 있는 것도 아니었다. 열심히 마을 어장을 오가며 뻘짓을 해야지만 익혀지는 것이 뻘배 타는 기술이었다. 그래서 세월로 탄다는 주민의 말이 허튼소리가 아니다. 펄밭 인생으로 얻은 면허증이다.

달콤한 조개와 새를 닮은 조개

꼬막은 꼬막, 새꼬막, 피조개로 나뉘며, 연체동물 돌조개과에 속하는 이매패류다. 삼형제 중 꼬막을 '참꼬막'이라고도 한다. 참꼬막의 '참'은 진짜라는 말이지만 으

꼬막 삼형제. 왼쪽부터 피조개, 새꼬막, 참꼬막

뜸이라는 의미도 있다. 반대로 새꼬막은 '똥꼬막'이라 부른다.

새꼬막은 썰물에도 갯벌이 드러나지 않는 깊은 곳에 살지만, 참꼬막은 바닷물이 빠지면 바닥이 드러나는 갯벌의 5~10㎝ 깊이에서 자란다. 따라서 추위와 더위를 견디기 위해 껍질이 매우 두터울 수밖에 없다. 반대로 새꼬막은 껍질이 얇아 채취할 때 쉽게 부서진다.

꼬막의 질은 기후, 수온, 토질이 결정한다. 참꼬막은 상품이 되려면 4, 5년을 기다려야 하지만 새꼬막은 2년이면 팔 수 있을 만큼 자란다. 꼬막씨가 멍석 위 참깨를 널어놓은 것처럼 하얄 만큼 많으면 어민들은 한 5년은 "노가 난다."고 한다. 한몫을 단단히 잡는다는 의미이다. 이럴 때는 장도는 물론 벌교와 보성, 멀리 남광주시장과 서울 노량진 수산시장까지 풍성해진다. 반면, 갯바닥에 흉년이 들면 벌교에서 소비할 양도 부족하다. 이럴 때 외지에서 먹는 꼬막은 장도산은 말할 것도 없고 벌교 꼬막도 아니다.

새꼬막은 형망이라는 배를 이용해 깊은 바다에서 긁어 잡는다. 세척하고 껍질은 추려 내서 상품성이 있는 것만 자루에 담아 출하한다.

참꼬막은 새꼬막에 비해서 짭조름한 맛이 강하고 달다. 삶아 껍질을 까 보면 참꼬막 살은 검붉고, 피 같은 물이 뚝뚝 떨어지지만, 새꼬막은 희멀건 색을 띤다. 『자산어보』에서는 참꼬막을 감(蚶), 새꼬막을 작감(雀蚶)이라 했다. 감은 '달콤한 조개'라는 뜻이고, 작감은 '참새가 물에 들어가서 된 조개'라는 뜻이다. 속명으로는 '새고기'라고도 했다. 꼬막 겉모양이 "지붕의 기왓골을 닮았다."고 해서 『우해어어보』에서는 '와농자'라 했다.

한편, 『자산어보』를 쓴 손암은 실제로 꼬막을 본 적이 없었을 것이다. 손암이 유배생활을 했던 흑산도에는 갯벌도 없고, 조류도 거칠어 꼬막이 살기에는 어려운 환경이었기 때문이다. 손암이 쓴 『자산어보』의 원편에는 꼬막이 소개되어 있지 않다. 위에 소개한 내용은 나중에 이청이 자신의 경험과 중국 문헌을 보고 보충해 집어넣은 것이다. 이청은 다산이 유배지인 강진에서 가르쳤던 제자다. 강진의 도암만에는 지금도 꼬막이 서식하고 있다. 논으로 만들기 전까지는 도암만은 여자만의 '벌교꼬막' 못지않은 '만덕꼬막'이 나는 참꼬막 서식지이기도 했다.

'걸게 장만한' 꼬막 한상이면
추운 겨울도 문제없다

'꼬막 맛이 떨어지면 이미 죽은 사람'이라는 말이 있다. 산 자는 말할 것도 없고, 죽은 자도 꼬막 맛을 잊지 못하는 걸까. 전라도에서는 망자의 상에도 반드시 올려야 하는 음식이 꼬막이었다.

꼬막 맛은 삶는 방법에 따라 결정된다. 꼬막을 깠을 때 선홍빛 핏기가 돌게 하려면, 펄펄 끓는 물을 약간 식힌 후 꼬막을 넣어 같은 방향으로 십여 차례 저은 후 꺼낸다.

잔칫상에도 홍어와 함께 참꼬막이 오르면 "걸게 장만했다."는 말을 들었다. 상을 잘 차렸다는 전라도 말이다.

꼬막은 씨알이 굵고 무늬가 선명하며, 입을 꽉 다문 것보다 벌어진 것이 좋다. 물에 소금을 좀 뿌리고 박박 문질러 개흙과 이물질을 제거한 후 소금물에 담가 한 두 시간 동안 해감을 한다. 꼬막을 삶을 때 썩은 것이 한 개라도 들어가면 나머지 꼬막에도 영향을 미치기 때문에 잘 선별해야 한다. 꼬막을 삶을 때는 펄펄 끓는 물을 약간 식힌 후(75~80도) 꼬막을 넣어 같은 방향으로 십여 차례 저은 후 꺼낸다. 꼬막은 따뜻할 때 먹어야 하며, 특히 새꼬막은 식은 후에는 맛이 떨어진다.

최근에는 꼬막무침, 꼬막장조림, 꼬막된장국, 꼬막전 등 꼬막 요리도 많이 개발되었다. 꼬막의 고장이라는 벌교에는 갖가지 밑반찬에 꼬막탕수육, 꼬막전, 삶은 꼬막(꼬막찜), 꼬막꼬치, 꼬막초무침 등으로 꼬막정식을 내놓는 식당이 인기다. 비단 문학기행만 아니라 소설 『태백산맥』의 꼬막 맛을 찾아온 사람도 많을 정도다.

꼬막무침은 오이, 미나리, 풋고추, 배, 시금치 등 야채에 삶은 꼬막 살을 넣고, 고추장과 양념을 넣은 후 버무린다. 보성에서는

특산물인 녹차 분말을 섞은 밀가루에 꼬
막 살을 넣어 녹차꼬막전을 내놓기도 한
다. 또 김치를 송송 썰어서 꼬막과 함께
전을 부치기도 한다. 메추리알, 소고기
등으로 만드는 장조림에 꼬막을 더해 만
드는 장조림은 짭짤한 밥반찬으로 좋다.

벌교시장에 꼬막이 난장을 차지해야 겨
울이 온다. 시장 골목으로 들어서면 꼬막
을 삶아 주는 집이 있다. 한 됫박 사서 먹
다 남은 꼬막은, 까서 밥 한 공기에 남은
반찬을 넣고 참기름을 얹어 쓱쓱 비벼 먹
으면 추운 겨울도 거뜬하다.

녹차꼬막전

꼬막비빔밥

꼬막양념장무침

새꼬막무침

참꼬막찜

깊은 바다에서 생활하는 도치는 겨울철이면 산란하러 연안으로 이동한다.
삼중망에 잡히기도 하고, 물질을 하는 해녀들에게 잡히기도 한다.

도치

고성의 겨울을
지키는 효자

씨가 마른 명태의 빈자리를 지키는 생선이 있다. 도치. 위기감을 느끼면 몸을 공처럼 부풀리는데, 고치의 의도와는 상관없이 보는 이에게는 그 모습이 무척 귀엽다. 도치 요리로 특히 유명한 것은 고성 사람들의 겨울 양식이 되어 준 도치알탕이다. 김치의 매콤함과 도치의 시원함이 어우러져 고성 생태탕의 명성을 넘볼 정도다. 지방이 적고 담백해서 다이어트 메뉴로도 그만이다. 그러나 식객들에게 알려지면서 명태처럼 씨가 마를까 걱정이다.

한때 대한민국의 겨울 밥상을 명태가 책임진 적이 있었다. 하지만 안타깝게도 20여 년 전, 명태는 씨가 말랐다. 대를 잇기 위해 건강한 명태 암수 한 쌍을 구한다고 동해안 포구마다 현상공모를 했지만 구했다는 소식은 듣지 못했다. 1980년대 명태 20여 만 톤을 잡을 때, 명태 새끼인 노가리는 40여 만 톤을 잡았다. 노가리를 그렇게 먹어 댔으니 씨가 마를 만하다. 그런데도 사람들은 남획보다는 기후변화 탓만 하고, 여전히 맥주를 마실 때 아무런 생각 없이 노가리를 찾는다.

그 사이 조용히 명태 자리를 넘보는 생선이 있다. 처음에는 고성 일대에서 행세를 하다 점점 세력을 넓혀 최근에는 장안까지 진입했다. 산 채 택배로 보내도 될 만큼 뚝심이 만만치 않은 '뚝

도치는 장치, 곰치와 함께 동해안의 못난이 삼형제다. 그중 도치가 제일 앙증맞다.
그래도 그물에 걸려 오면 어민들에게 좋은 소리를 듣지 못했고, 시장 바닥에서는 발에 채였다.
굽은 나무가 선산을 지킨다고 지금은 거진항의 겨울을 지키는 효자 중의 효자다.

지'이다. 내륙 사람들에게는 다소 생소한 뚝지는 쏨뱅이목 도치
과에 속하는 생선으로 생김새 탓에 심퉁이, 씬퉁이라는 별명까지
얻었다. 보통 '도치'라고 부른다.

통통한 몸으로 동동 떠다니는 바다 올챙이

강원도에서 가장 큰 항구 거진항. 멀지 않은 바다에 여러 개의
하얀 부표와 깃발이 떠 있다. 도치를 잡는 그물을 넣어 둔 곳이
다. 그물을 손질하던 어부의 아내가 막 건져 온 생선 몇 마리를
갈무리해 갯바람이 잘 드는 그늘에 걸었다. 도루묵과 가자미는
제 모습을 갖추고 있어 구별이 쉬웠지만 검은 껍질에 해맑은 살

덩이는 무슨 고기인지 알 수가 없었다. 그녀가 일러 줘서야 도치라는 것을 알았다. 건조대에 걸려 있는 모습만으로는 '도치'하면 떠오르는 공처럼 통통하고 귀여운 모습은 찾을 수 없었다. 비록 그 모양새는 초라하지만 도치는 식감이 쫄깃하고, 기름기가 없어 맛이 담백하며, 비린내도 나지 않아 식객의 많은 사랑을 차지하고 있다.

일찌감치 숙소를 정하고 주인에게 도치 요리 잘 하는 집을 물어 찾아갔다. 가게 입구에서 주인이 대구와 곰치를 갈무리해 말리고 있었고, 수족관에는 오늘의 주인공 도치와 가자미가 가득했다. 다른 식당보다 좀 비쌌다. 도치의 크기도 다르고 맛도 다르다는 말에 속는 셈치고 자리를 잡았다. 친절한 식당 주인은 도치 한 쌍을 꺼내 오른쪽에 배가 통통한 녀석이 알밴 도치고 왼쪽 도치는 수컷이라고 알려 줬다. 수컷은 숙회로, 암컷은 알탕으로 요리할 것이라고 했다.

자신의 운명을 예감한 것일까. 도치가 몸을 뒤척거리며 배를 부풀렸다. 녀석들은 위기다 싶으면 몸을 공처럼 부풀리고 동동 떠다닌다. 죽은 것처럼 보이려는 짓인지, 몸을 키워서 적을 위협하려는 것인지. 자리를 잡고 앉았다가 무심코 수족관에서 좌우로 오가는 도치 한 쌍과 눈이 마주쳤다. 서럽도록 눈이 크고 맑았다. 그때 김이 모락모락 나는 도치 숙회가 도착했다. 도치알탕이 준비되는 동안에 소주를 한 잔 들이키며 물컹하고 부드러운 도치를 입안에 넣었다. 쫄깃하면서 담백한 맛이었다. 알탕은 시큼한 김치와 함께 입안에서 톡톡 터지는 느낌이 좋았다.

다음날 새벽 4시, 창문을 여니 배들이 줄지어 항구를 빠져나가고 있었다. 얼추 40~50척은 되었다. 등대 근처로 가는 배들은 도치나 숭어를 잡는 배들이고, 먼 바다로 가는 배들은 가자미나 대게를 잡는다. 도치를 잡은 배들은 아침 동이 틀 무렵이면 귀항하지만 가자미를 잡는 배들은 낮에, 대게를 잡는 배들은 해가 지고 난 뒤에 귀항한다. 동쪽 바다가 붉게 물들기 시작하자 배들이 한 척 두 척 불을 밝힌 채 항구로 들어오기 시작했다.

서둘러 수협 위판장으로 향했다. 벌써 중개인 십여 명이 좋은 물건을 사려고 생선들을 살펴보고 있었다. 옛날에는 잡히면 툭툭 발로 차 버렸다는 도치지만 지금은 함지박에 곱게 담겨 중개인을 유혹한다. 그래도 중개인들은 문어와 대게, 가자미에만 눈길을 줬다. 도치는 여전히 뒷전이다. "바다 올챙이, 꼭 올챙이 모양이야. 도치라고 해." 발길에 걸리자 함지박을 뒤로 쭉 밀며 한 중개인이 이름을 알려 줬다. 그 옆에 어제 도치 요리를 해 준 식당 주인도 서 있었다. 이른 아침에 물 좋은 도치를 구하기 위해 나왔다고 했다.

아침을 먹고 거진등대에 올랐다. 거진항이 한눈에 들어왔다. 등대 좌측에 세워진 '명태축제비' 너머로 바다가 끝없이 펼쳐졌다. 한 사내는 운동복 차림으로 시계바늘처럼 그 주위를 맴돌았다. 그때 노란색 배 한 척이 등대 밑으로 다가오더니 해녀들이 하나 둘 바다로 뛰어들었다. 급하게 왔던 길을 내려와 등대 밑으로 향했다. 갯바위에 하얗게 얼어붙어 있는 바다에서 해녀 십여 명이 물질을 하고 있었다. 두꺼운 장갑을 꼈지만 카메라를 쥔 손이 도치잡이 배는 깜깜한 새벽에 바다로 나가 동이 틀 무렵이면 포구로 돌아온다.
물 좋은 생선을 사려는 거진포구의 식당 주인들이 때맞춰 위판장으로 모여든다.
새벽 위판장은 겨울바다를 보기 위해 찾은 여행객에게도 좀처럼 보기 드문 볼거
리다.

시려 왔다.

자맥질을 하면서 튀는 바닷물이 그대로 얼어 버릴 것 같았다. 뭘 잡는 걸까. 두어 시간이 지나자 해녀들을 내려 줬던 배가 다시 돌아왔다. 하나 둘 해녀들이 배에 오르자 뱃전에서는 모닥불이 피어올랐다. 혹시나 해서 선창으로 향했다. 예상대로 배가 나타났다. 자연산 전복을 따기 위해 새벽에 나갔다가 전복이 없어 들어오는 길이라고 했다. 그런데 바구니에 모두 도치가 한 마리씩 들어 있지 않은가. 반가웠다. 전복은 귀하기 때문에 선주 몫이지만 도치만큼은 물질을 한 어머니들 몫이다.

녀석, 뚝심 한번 대단하다

도치는 고성, 속초, 강릉, 동해, 삼척 등 동해 북부 전 해역에서 잡히지만, 고성 도치를 제일로 꼽는다. 보통 2월에 산란하기 때문에 설 전후가 살도 찌고 알도 꽉 차 제철이다. 녀석들은 수심 100~200m의 바다에서 살다 산란기가 되면 연안 바위로 이동한다. 해녀들에게 잡히는 것도 이 때문이다.

더구나 뚝심이 대단해 한 번 빨판을 이용해 바위에 붙으면 누가 잡아가도 꼼짝하지 않는다. 배에 붙은 빨판은 가슴지느러미가 변한 것이다. 동해의 거친 바다에서 휩쓸리지 않고 갯바위에 붙어 살아남기 위해서다. 생존을 위해 지느러미를 빨판으로 바꾸기까지 얼마나 많은 고충과 시간이 필요했을까. 그런데 그 빨판이 문제다. 암컷이 바위에 알을 낳을 때나 수컷이 지느러미를 꼼

빨판을 이용해 한 번 바위에 붙으면 누가 잡아가도 모르는 것이 도치다. 그래서 '뚝지'라고 했던 모양이다.
지느러미가 변해서 빨판이 되기까지 얼마나 많은 고충과 시간이 필요했을까.

지락거려 알에 산소를 공급할 때는 바위에 찰싹 붙어서는 적에게 잡아먹힐 때까지 움직이지 않는다고 한다.

보통 도치는 삼중망을 가지고 잡는다. 물컹거리는 몸을 요리조리 뒤틀면 한 겹인 자망에서는 쉽게 빠져나가기 때문이다. 보통 새벽에 미리 쳐 놓은 그물을 털어 와 아침에 위판을 한다. 대부분 인근 식당에서 소비된다. 알이 많기로는 다른 어떤 물고기와 비교할 수 없어 산지 주민들은 일찍부터 도치알탕으로 겨울을 났다.

도치 몸에서 미끌미끌한 것이 많이 나와 있거나 만졌을 때 탄력이 느껴지면 신선도가 떨어지는 것이다. 일단 살아 있는 것은 믿을 수 있다. 그렇지 않으면 해체해서 말려야 한다.

고성 사람들의 겨울을 지켜 준 도치

도치 요리는 도치숙회, 도치알탕, 도치알찜이 있다. 이 중 고성 일대의 식당에서 쉽게 맛볼 수 있는 것은 숙회와 알탕이다. 도치 숙회는 수컷으로, 도치알탕은 암컷으로 요리한다. 비슷비슷한 암수를 구별하려면 눈썰미가 있어야 한다. 암놈은 빨판이 작고, 돌기가 흐린 녹색이며, 수놈은 빨판이 크고, 돌기가 붉은 갈색이다. 식당 주인이 알려 준 구별법이다.

암컷 도치를 깨끗하게 씻은 다음 조심스럽게 알주머니를 꺼낸다. 이때 알주머니가 터지지 않도록 해야 한다. 도치를 끓는 물에 살짝 데친 후 흐르는 물에 씻으면 겉에 붙어 있는 얇은 막이 깨끗하게 벗겨진다. 그 다음 알맞은 크기로 썰어 둔다. 도치알과 묵은 김치를 냄비에 넣고 알이 하얗게 변할 때까지 볶는다. 이때 들기름이나 올리브유를 두르면 좋다. 얼큰한 맛을 좋아하면 김치 국물을 더 넣고, 담백한 맛을 좋아하면 물이나 육수를 넣는다. 살짝 데친 도치나 먹다 남은 숙회를 넣고 끓인다. 암컷은 커 보여도 알

물 좋은 수컷으로 요리한 담백한 도치숙회. 암컷은 알주머니를 빼내면 실상 살이 별로 없지만 수컷은 살이 많아 숙회로 요리한다.

얼큰하고 시원한 도치알탕. 고성 사람들은 식량이 바닥나는 겨울철에 큰 솥에 도치알탕을 가득 끓여서 배를 채웠다. 명태가 더 이상 잡히지 않자 슬며시 생태탕 자리도 꿰찼다.

을 빼고 나면 실상 먹을 게 많지 않다. 배고픈 시절 고성 사람들은 도치알과 김치를 넣고 한 솥 끓여 겨울을 넘겼다. 이것이 도치알탕이다.

도치가 사람들에게 사랑받게 된 계기는 묵은 김치 덕분이라고 해도 과언이 아니다. 김치의 얼큰함과 해물의 시원함이 만나 우리나라 사람이면 누구나가 좋아할 만한 국물 요리로 거듭났기 때문이다. 이것이 과거 명성이 자자했던 고성 생태탕의 자리를 넘보는 이유다. 지방이 적고 담백해 다이어트 음식으로도 제격이다.

도치숙회를 만들려면 우선 수컷을 뜨거운 물에 살짝 넣어 데친 다음 찬물에 두어 차례 씻어 하얀 각질을 제거한다. 그리고 먹기 좋은 크기로 썬 다음 따뜻한 물에 다시 한 번 데쳐서 초장, 기름소금, 겨자 등 입맛에 맞는 소스를 찍어 먹는다. 알탕과 숙회는 3만 원에서 5만 원 정도 한다. 식사 겸 안주로 3~4명이 먹을 수 있는 양이다.

식당에서 맛보기 어려운 메뉴로, 도치알두부가 있다. 성어기 때 도치알을 모아 두부처럼 굳힌 것이다. 또 지금은 흔하게 볼 수 없지만 도치찜도 있다. 막 잡아 온 도치를 두 마리씩 엮어서 열흘 정도 꾸덕꾸덕 말려 찜통에 쪄서 내놓으면 소고기보다 맛이 좋았다고 한다. 고성에서는 이런 도치찜을 제사상에 올렸다.

옛날에는 도치(오른쪽)를 말려서 제사상에 올렸지만 지금은 그날그날 소비가 될 만큼 인기가 높다.

발품을 팔아서 찾아간 모슬포항의 방어 전문집은, 마라도 인근에서 잡은 방어가 곧바로
식당으로 들어오는 '당일바리'이기 때문에 믿을 수 있고 신선하다.

방어
겨울바다의 귀공자

방어의 인기는 예로부터 대단했다. 일제강점기 때, 울산 방어동은 방어가 많이 난다는 이유만으로 지명이 방어동으로 바뀌었다. 그곳에는 봉수대처럼 우리 역사의 흔적도 남아 있지만, 방어의 경제적 가치가 그에 앞섰다. 제주에서는 겨울에 반드시 먹어야 할 생선이 방어다. 그 맛이 알려지면서 뭍사람들까지 방어 맛을 보러 제주로 겨울여행을 떠난다. 이렇게 대단한 방어지만, 겨울을 넘기고 산란한 방어는 개도 먹지 않는다. 맛에 관한 사람들의 평가는 참 매몰차다.

따르릉, 따르릉. 전화를 받지 않는다. 핸드폰도 마찬가지다. 제주도에 있는 식당이 토요일에 문을 닫았을 리 없는데. 한참 후 다시 전화를 걸었다. 이제는 제법 귀에 익숙한 제주 말이 수화기 너머로 들려왔다. "방어 있나요. 지금도 늦지 않았어요?" 대답도 듣기 전에 질문을 던졌다.

겨울 방어 맛을 보려면 줄 서는 것은 기본

제주 토박이가 알려 준 숨은 방어 전문집을 찾았다. 가파도 해녀가 직접 운영하는 허름하지만 편안한 식당이었다. 일을 마치고 부리나케 찾았지만, 예상대로 빈자리가 없었다. 도착한 순서대로 칠판에 이름을 써 놓고 자리가 생길 때까지 기다릴 수밖에 없었다.

벽에는 낚시인들이 잡은 대물 사진들이 다닥다닥 붙어 있었고, 방어 사진도 눈에 띄었다. 홀에서 두 사내가 대방어를 부위별로 나누어 두고 회를 썰고 있었다. 방어는 클수록 맛이 있다. 대방어는 지느러미, 배, 몸통, 꼬리 등 부위별로 맛볼 수 있지만 중방어나 소방어는 이렇게 부위별로 맛을 보기가 어렵다.

가게 벽에는 낚시꾼들이 잡은 대물 사진이 가득하다. 손맛은 말할 것도 없고 입맛까지 당기니 태공들에게 이보다 좋을 수 없다. 게다가 그곳이 제주의 남쪽이지 않은가. 여행지로도 손색이 없다.

안주인은 가족 수를 묻더니 중방어를 권했다. 갇혔던 수족관에서 꺼내 바닥에 내려놓자 방어가 펄쩍펄쩍 뛰었다. 안주인은 익숙한 솜씨로 나무망치로 방어 머리를 가격했다. 방어가 부르르 떨더니 조용해졌다. 그리고 바로 아가미 안쪽에 칼을 꽂아 피를 빼냈다. 회 맛을 결정하는 첫 번째 관문을 통과한 것이다.

다음은 칼질이다. 활어회는 얇고 넓게 썰어 내야 한다. 피를 빼낸 후 즉시 칼집을 내야 가능하다. 숙성된 후에는 두껍게 썬다. 식감을 고려해 두께를 조절하는 것이다. 안주인의 아들이 방어의 척추 뼈를 경계로 양쪽으로 포를 떠서 얼음을 넉넉하게 넣고 포장을 했다. 머리와 뼈도 잘 포장해서 안에 넣었다.

방어를 바닥에 내려놓자 펄쩍펄쩍 뛰었다. 운명을 예감한 것일까.
안주인은 익숙한 솜씨로 나무망치로 머리를 내리쳤다. 그리고 피를 빼냈다. 이제 칼질만 남았다.

그 사이 나는 성게미역국을 시켰다. 그런데 딸려 나온 밀감백
김치와 방어김치가 입맛을 확 잡았다. 방어김치는 방어와 매실로
육수를 내서 양념과 버무렸다. 막 미역국을 먹으려는 순간 옆에
서 고등어회를 먹던 사내가 주인에게 선창에 방어잡이 배가 들어
왔다고 알려 줬다.

배 두 척이 막 정박하고 있었다. 그리고 밖에는 수족관을 실은
작은 트럭이 진을 치고 배가 들어오는 대로 방어를 사고 있었다.
모슬포 방어거리에서 횟집을 운영하는 사람이었다. 하지만 잡아
온 방어는 넉넉지 않았다. 배 한 척에 대방어 한 마리와 중방어
세 마리, 다른 한 척에는 중방어 세 마리가 전부였다. 이렇게 잡
히는 방어가 적어 귀하다 보니, 값은 오르고 맛을 보려는 식객은
안달이다.

식민지 시절,
지명을 바꿀 정도로 대단했던 명성

일제강점기, 일본인들은 우리나라의 방어를 많이 잡아갔다. 그
중 대표적인 곳이 울산의 방어동이다. 조선시대에 적을 막기 위
한 '관방의 요해처'로 방어진(防禦陣)이 설치되었던 곳이지만, 아
이러니하게도 일제강점기에 일본인이 가장 많이 거주했던 곳이
기도 하다. 지금도 일본식 주택이 많이 남아 있다. 당시 방어만
아니라 멸치, 대구, 청어, 상어도 많이 잡히자, 일제는 방어진에
어업전진기지를 조성하고 전기, 전화, 냉동 시설까지 설치했다.
그 뒤로 '방어가 많이 잡히는 곳(方魚洞)'이라는 지명이 자리를 잡
았다. 봉수대와 같은 역사의 흔적보다는 방어가 가져다주는 경제
적 가치가 더 매력적이기 때문이었을까. 씁쓸한 현실이다.

방어는 제주 근해에서 겨울을 나고 3~4월에 산란한다. 알에
서 깨어난 새끼는 모자반과 같은 부유성 해초 밑에서 부유생활
을 한다. 봄철이면 연안을 따라 북상해 여름에는 원산만까지 올
라간다. 가을철 수온이 떨어지면 다시 남쪽으로 내려와 제주에서
월동한다. 좋아하는 먹이는 정어리, 멸치, 고등어, 전갱이, 숭어,
꽁치 등이다. 심지어 어린 방어를 잡아먹기도 한다.

방어의 수명은 8년 정도이며, 큰 것은 1m에 20㎏까지 성장한
다. 숭어처럼 크기에 따라 이름이 다르다. 『한국어도보』(1977)에
따르면, 경북 영덕에서는 크기에 따라 곤지메레미(10㎝ 내외), 떡
메레미(15㎝), 메레기 혹은 되미(30㎝), 방어(60㎝)라고 했다. 이북

에서는 마래미, 강원도에서는 마르미, 방치마르미, 떡마르미, 졸마르미 등으로 불렸다. 경남에서는 큰 방어는 부리, 중간 크기는 야즈라고 했다. 방어는 4년 이상 되어야 80㎝ 정도 자란다. 보통 2.5~3㎏면 중방어, 4㎏이 넘으면 대방어라고 부른다.

쓰시마 난류를 타고 방어 새끼들이 올라오면 이를 채집해 양식한다. 우리나라에서는 제주와 통영에서 양식을 시도하고 있다. 부드러운 식감 때문에 일본인들도 방어회를 즐겨 먹는다. 가고시마현, 나가사키현, 오이타현 등의 해상에서 가두리양식이 이루어지고 있다. 방어는 성장 속도가 빠르기 때문에 몇 달만 잘 키우면 1㎏ 정도 자란다. 하지만 온대성 어류여서 겨울 전에 모두 출하해야 한다. 남해 일대에서는 정치망으로, 부산 일대에서는 어군을 둘러싼 후 그물의 아랫자락을 죄어서 어류를 잡는 선망을 이용한다. 제주도에서는 연안 채낚기로 잡는다.

방어를 고를 때 제일 고민스러운 점이 자연산일까 양식산일까

통영의 중앙시장에서 만난 양식 방어다. 방어 양식은 제주와 통영에서 이루어진다. 부유성 해초에 기대어 생활하는 자연산 치어를 채집해 양식하고 있다. 인공종묘의 성공을 위해 국립수산과학원에서 노력 중이다.

통영 연대도에서 본 잿방어. 방어와 비슷한 어류로 부시리와 잿방어가 있다. 부시리는 여름철에 맛이 좋고 겨울에 맛이 떨어져 방어와 반대다. 셋 중 고급 횟감으로 주목을 받는 것은 잿방어다. 잿방어는 가을부터 겨울까지 제철이다.

하는 점이다. 자연산은 양식산에 비해 꼬리지느러미가 날카롭고 회가 분홍빛을 띤다. 양식은 질기고 살이 더 통통하며 색깔이 까맣다. 반대로 자연산은 푸른빛이 감돈다. 하지만 구별이 쉽지는 않기 때문에 믿을 수 있는 방어 전문점을 찾는 것이 좋다.

방어와 유사한 어류로 부시리와 잿방어가 있다. 잿방어는 색깔이 방어나 부시리와 달라 구별하기 쉽지만, 부시리와 방어는 구별이 쉽지 않다. 다 자란 잿방어나 부시리는 1.5~2m에 이르지만 방어는 그에 미치지는 못한다. 덧붙여 부시리는 여름에서 가을로 가는 길목에 맛이 좋다.

방어 찾아 떠나는 제주 식도락 여행

산란을 앞둔 방어는 마라도 해역에서 겨울을 이겨내기 위해 옷을 껴입듯 지방으로 중무장을 한다. 그런데 사람이 즐기는 독특한 식감 때문에 살고자 한 무장이 도리어 화가 되었다. 일본에서도 겨울 방어를 '한(寒)방어'라 해서 많이 찾는다. 제주에서는 여름을 나기 위해 자리를 먹는다면, 겨울을 나기 위해서는 방어 신세를 져야 한다. 요즘엔 제주 사람만 아니라 뭍사람들도 방어를 찾아 제주로 식도락 여행을 떠나기도 한다.

앞서 언급한 것처럼 방어는 큰 것이 맛있다. 그래서 여럿이 모이면 대방어를 주문해 먹는 것이 좋다. 대방어는 척추 부근의 속살과 내장을 감싼 '대뱃살'이라는 특수 부위도 맛볼 수 있다. 속살이 붉은색을 띠는 부위로, 방어회 중 가장 맛이 좋다. 숙성시켜서 먹으려면 두툼하게 칼질하고, 잡은 후 곧바로 먹으려면 넓고 얇게 써는 것이 좋다.

방어회를 즐길 때는 고추냉이 간장이나 초장으로 먹어도 좋지만 양념간장에 찍어 먹어 보자. 굽지 않은 돌김에 밥을 얹은 다음 양념간장에 방어회를 찍어서 싸 먹으면 맛이 새로울 것이다. 김 대신에 묵은 김치나 백김치로 싸 먹으면 개운하면서 고소하다. 하지만 방어회 맛을 제대로 보려면 방어만 먹는 것이 최고다.

방어회 외에 방어탕과 방어조림도 인기다. 방어탕은 매운탕보다 맑은탕을 권한다. 방어회를 썰고 난 후 남은 머리와 등뼈를 냄비에 넣고 물을 넉넉하게 부은 다음 팔팔 끓인다. 이때 통마늘을 듬뿍 넣는다. 넣은 물이 반으로 줄어들면 간을 맞추고 다진 파를 넣고 한소끔 끓인 다음 먹는다. 방어탕에 미역이나 수제비를 넣

방어는 클수록 맛이 좋다. 4kg 이상의 대방어여야 하얀 뱃살, 붉은 속살, 그리고 지느러미 부근의 살, 꼬리살 등 부위별로 맛볼 수 있다. 그래서 방어맛을 제대로 보려면 10여 명이 어울려 먹어야 한다.

방어회는 잡은 즉시 먹으려면 얇게, 냉장 숙성시켜 먹으려면 두툼하게 썰어야 한다. 잡은 후 시간이 지남에 따라 육질이 변하기 때문이다. 선어로 많이 먹기 때문에 흔히 도톰하게 썰어서 먹는다.

방어탕은 오래 끓여야 한다. 방어 머리를 넣고 물을 넉넉하게 부은 후 두 시간 정도 끓여 사골처럼 국물을 우려내야 한다.

어서 먹기도 한다.

방어조림은 우선 무를 큼지막하게 썰어서 삶아 양념을 해 둔다. 그리고 방어를 손질해서 물기를 뺀 후 끓는 물에 뿌려 겉에 붙어 있는 것들을 제거한다. 냄비에 삶은 무를 깔고 토막 낸 방어를 올린다. 조림장을 넉넉하게 부은 다음 팔팔 끓인다. 조림장이 줄어들면 다진 파와 고춧가루를 뿌린다. 또 방어소금구이는 잘 손질한 방어에 소금을 뿌려 적당하게 절인 후 굽는다. 방어숙회는 방어 머리를 넣고 끓인 육수에 방어 토막을 넣고 한소끔 끓인 후 양념장에 찍어 먹는다.

겨울이 제철인 생선답게 방어 요리에는 겨울 무가 잘 어울린다. 탕에는 시원함을, 조림에는 달콤함을 더해 준다. 조림에는 감자나 호박을 넣어도 좋다.

간재미

한번 빠지면
헤어 나올 수 없는 매력

간재미는 홍어목에 속하는 여러 종류의 가오리를 통틀어 일컫는 말이다. 꼬리가 아니라 가슴지느러미를 팔랑거리면서 움직여 '팔랭이'라고도 불렸다. 가시처럼 변한 꼬리지느러미는 무기 역할을 한다. 여기에 찔리면 심한 통증, 구토, 설사, 호흡곤란 등을 일으킨다. 살벌한 꼬리만큼이나 그 냄새도 강렬하다. 그래서 웬만한 사람들은 손사래 치지만, 한번 맛을 들이면 겨울이나 초봄에 꼭 찾게 되는 것이 간재미다.

섬진강이 흐르는 산골에서 자란 탓에 바다는 몰랐지만 정월이면 연 날리기를 많이 했다. 솜씨가 있는 큰 형들은 방패연을 만들었고 아직 학교 문턱도 오르지 못한 나는 아버지의 도움을 받아 가오리연을 날렸다. '가오리'라는 이름과 친숙한 것은 연 때문만은 아니었다. 명절이면 어머니는 꼭 가오리무침을 만드셨다. 아버지가 오일장에서 가오리를 사 오시는 날이면 주조장으로 술을 받으러 가는 것이 내 일이었다. 어려서는 무만 집어 먹었지만 언제부터인가 명절이면 막걸리와 함께 어머니가 만들어 주신 가오리무침을 찾게 되었다. 어머니는 "홍어는 흑산홍어, 간재미는 어른 손바닥만 한 것, 가오리는 간재미보다 크고 홍어보다 작은 것"이라고 구별하셨다.

홍어는 상온에서 발효되어 식중독 균을 막지만 간재미는 발효되지 않고 썩는다.
그래서 생으로 요리를 하거나 말려서 보관한다.

꼬리에 무기를 단 팔랭이

가오리는 상어와 함께 대표적인 연골어류다. 가오리는 약 1억 5,000만 년 전에 지구에 나타났고, 상어는 약 3억 5,000만 년 전부터 살았다. 가오리류는 홍어목에 속하는 가오리과, 색가오리과, 흰가오리과, 나비가오리과, 매가오리과를 총칭한다. 간재미, 가부리, 가우리, 갱게미, 찰때기, 나무쟁이 등의 이름으로도 불렸다. 충청도에서는 갱게미라 한다.

한자로는 요(鰩), 가불어(加不魚), 가화어(加火魚), 가올어(加兀魚), 홍(魟)이라 했다. 가오리류 중 우리나라 사람들이 즐겨 먹는 어류는 참홍어(흑산홍어), 홍어, 노랑가오리가 대표적이다. 지역에 따라 노랑가오리와 목탁가오리를 간재미라 부르기도 하며, 흑산도에서는 홍어를 참홍어, 간재미를 홍어라고 부르기도 한다.

간재미는 홍어목에 속하는 여러 가오리를 총칭하는 말이고, 같은 점이라면 생식기가 두 개라는 것이다. 꼬리 좌우에 막대기 모양으로 한 개씩 달려 있다. 해남 송지면의 오일장에서 있었던 일이다. 손님을 기다리다 심심했던지 어물전 주인이 재미있는 이야기를 해 주겠다며 붕어빵을 사라고 했다. 옛날 잘 생긴 간재미 수놈이 예쁜 암놈에게 반해서 한 번만 하자고 졸라댔다. 암놈도 싫지는 않았던지 딱 한 번만 허락해 주었다. 수놈은 너무 좋아 암놈을 덥석 안고 사랑을 했다. 한참 후 암놈은 몸을 부르르 떨며 수놈의 따귀를 때렸다. 왜 한 번만 하라고 했더니 두 번이나 했냐는 것이다. 암놈의 거시기에 수놈이 생식기 두 개를 집어넣었던 것이다. 할머니에게 들었다면서 주인은 손뼉을 치며 이야기를 듣는 사람보다 더 좋아했다.

연골어류인 홍어, 살홍어, 도랑가오리, 묵가오리 등은 체내수정을 하며, 노랑가오리, 전기가오리, 매가오리, 쥐가오리 등은 새끼를 낳는다. 간재미는 부레가 없으며, 가슴지느러미를 팔랑거려 이동한다. 그래서인지 흑산도, 백령도 등 서해의 섬에서는 간재미를 '팔랭이'라고도 했다. 『자산어보』에서는 '소분(小鱝)'이라 소개하며, 속명은 발내어(發乃魚)라 했다. 그러면서 "모양은 홍어를 닮았지만 크기가 작아서 너비가 두세 자 정도에 불과하다. 주둥이는 짧으며 아주 뾰족하지는 않다. 꼬리는 가늘고 짧다. 고깃살이 매우 많다."고 설명했다.

'발내어'는 팔랭이에서 비롯되었을 가능성이 크다. 『현산어보를 찾아서』의 저자 이태원이 흑산 사람 이영일에게 팔랭이 이야기를 듣고 해석한 것이다. 나도 동의한다.

이런 방식으로 움직이다보니 꼬리지느러미는 퇴화해 회초리

간재미의 윗면(왼쪽)과 아랫면 모습. 두 마리 중 위쪽에 있는 것이 암컷, 아래쪽에 있는 것이 수컷이다.

모양으로 변하고 적에게 위협을 가하는 무기로 바뀌었다. 가시에 찔리면 심한 통증, 구토, 설사, 호흡곤란을 일으킨다. 〈악어사냥꾼〉이라는 프로그램 주인공으로 유명한 야생동물보호 운동가 스티브 어윈이 해양 다큐멘터리를 촬영하는 도중 노랑가오리 꼬리 가시에 찔려 숨지기도 했다. 『자산어보』에도 "적이 침입하면 꼬리로 회오리바람을 일으켜 방어한다."고 기록되어 있다. 이익은 『성호사설』에 "홍어꼬리를 나무에 꽂아 두면 나무가 시든다."고 했다.

간재미는 깊은 바다에 살기 위해 체내에 수분이 빠져나가는 것을 최소화하는 쪽으로 진화했다. 참홍어처럼 근육이나 혈액에 요소와 산화트리메틸아민(TMAO)을 많이 포함한 것도 삼투압을 통해 수분을 유지하기 위한 것이다.* 그 결과 간재미는 죽은 후 시간이 지나면 요소가 암모니아로 분해되고, 산화트리메틸아민은 트리메틸아민(TMA)으로 변한다. 그래서 홍어나 간재미 등 가오리류를 파는 상회나 식당에 들어서면 코끝을 찌르는 암모니아 냄새가 난다. 처음에는 이 강한 냄새에 손사래를 치지만 한번 맛을

---

*홍어는 죽은 뒤 박테리아에 의해 요소가 암모니아로 바뀌면서 다른 미생물의 침입을 막으며 삭는다. 식중독을 일으키는 균을 막아 주니 삭혀 먹을 수 있는 것이다. 하지만 간재미는 요소가 암모니아로는 바뀌지만, 홍어와 달리 상온에서는 발효되지 않고 상하기 때문에 삭혀 먹을 수 없다. 그래서 생으로 먹거나 말려서 먹는다. 이 요소는 홍어류가 삼투압을 조절하며 바다 깊은 저층에서 살기 위해 꼭 필요하다.

들이면 반드시 다시 찾는다. 처음부터 마음에 들지 않는 것을 뜻하는 속담 '초미에 가오리탕'도 이런 속성에서 유래한 것이다.

지역마다 다른 간재미 제철

간재미 중에서도 최고는 진도 청룡리 서촌마을의 간재미이다. 진도장에서는 겨울과 봄철이면 '서촌 간재미'가 다 나가야 다른 생선들이 팔렸다. 청룡의 어부들은 주지도, 양덕도, 송도, 혈도, 광대도 등 가사5군도의 작은 섬 사이 갯골에서 간재미를 잡는다. 이곳은 신안의 신의면과 진도의 지산면 사이에 있는 시하바다(시하도에 있어 이렇게 부른다)로 조류가 거칠면서 저층에 갯벌이 발달해 있다. 크고 작은 섬이 무리지어 있기 때문이다. 이런 바다는 숭어처럼 펄 속의 유기물과 갑각류 등을 섭취하는 간재미가 서식하기 좋은 곳이다.

한편, 서울 사람들에게 간재미 맛을 널리 알린 곳은 충남 당진의 석문방조제 옆에 있는 성구미 포구다. 한때 열 손가락에 꼽히는 미항이었지만, 이제 공장에 자리를 내줘야 한다. 과거 당진에는 육지에 숨통을 열어 주던 포구들이 많았지만, 근래 들어서는 갯내음을 맡으며 간재미 맛을 볼 수 있는 곳들이 하나 둘 사라지고 있다.

충청도 어부들은 간재미를 자망이라는 그물로 잡지만, 진도에서는 생새우를 '입감(미끼)'으로 사용해 주낙으로 잡는다. 진도처럼 낚시로 잡는 간재미가 그물에 비해 상처가 적고 싱싱하기 때

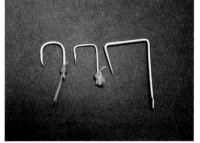

말린 간재미   가운데가 간재미 낚시다. 왼쪽은 조기 낚시, 오른쪽은 홍어 낚시

문에 값도 후하게 쳐준다.

　남해의 거제, 통영, 서남해안의 여수, 고흥, 진도에서는 12~2월이 간재미철이다. 그런데 서해의 태안과 당진에서는 4~6월이 가장 맛이 있다. 신안군 도초면이나 태안군 만리포에서는 3월 말이나 4월 초에 간재미축제를 하기도 한다. 금강 이북에서는 봄철에도 간재미 맛이 좋다. 충남 마량항, 홍원항, 만리포, 성구미, 경기도 궁평항 일대의 어민들은 6월까지 간재미를 잡는다. 미리 그물을 쳐 놓고 다음날 가서 건져 온다. 하지만 겨울이 제철인 진도나 완도 등 따뜻한 곳에서는 4월이 넘어서면 인기가 없다. 이렇게 제철이 다른 것은 많이 잡히는 시기가 다르기 때문이다. 보통 어류의 제철은 많이 잡히는 시기이며, 그 시기는 산란을 앞둔 시점이 대부분이다.

다양한 요리로 맛보는 강렬함

하루 종일 진도 해안을 쏘다녔더니 배가 출출했다. 영등철이라 바닷바람은 예상했지만 기온까지 내려가 봄차림이 무색했다. 몸도 피곤했다. 간재미가 많이 잡힌다는 청룡리를 둘러보는 것으로 일정을 끝내고 진도읍으로 향했다. 간재미를 제대로 먹으려면 눈 내리는 겨울에 오지 이제 왔냐는 핀잔을 뒤로 하고 진도 사람이 안내해 준 식당으로 향했다. 식당마다 간재미 끓는 냄새가 진동했다. 추운 겨울이면 제일 좋지만, 아직 회유성 고기들이 산란하러 연안으로 오기 전이라 터줏대감 격인 간재미의 인기가 여전한 모양이다.

간재미회를 맛있게 먹었던 것은 부산 가덕도였다. 숭어들이축제에 갔다가 숭어 대신 간재미를 먹었다. 간재미회를 썰 때는 날개는 얇게 썰고, 등뼈는 칼로 다져서 내놓는다. 홍어도 그렇지만 간재미도 꼭 챙겨야 할 것이 코와 애다. 크기가 작아 딱 두 점이다. 간재미는 초장보다 된장과 더욱 잘 어울리고, 애나 코를 먹을 때는 참기름을 넣은 소금에 찍어 먹으면 맛이 더 좋다. 간재미탕을 끓일 때도 된장으로 육수를 만들면 담백하고 맛이 좋다. 간재미무침은 간재미를 '갱게미'라고 부르는 태안에서 먹은 것이 제일 기억에 남는다.

간재미무침에서 빠져서는 안 되는 것이 미나리와 오이다. 특히 겨우내 자라 향이 강한 미나리와 간재미는 찰떡궁합이다. 미나리, 오이가 귀했던 어린 시절에는 무를 채 썰어 무쳤다. 여기에 고춧가루, 식초, 소금, 참기름, 깨소금, 된장 약간, 깨소금을 넣고 무친다. 홍어와 달리 간재미는 양념이 중요하다. 먹다 남으면 따뜻한 밥에 비벼 먹어도 좋다. 머리와 뼈는 시금치를 넣고 된장

간재미 애와 내장. 홍어국은 홍어 애가 들어가야 맛이 있고, 짱뚱어탕도 손톱만한 애가 맛을 결정한다. 간재미탕도 마찬가지로 애를 넣어야 제 맛이다.

내장을 제거하고 건조 중인 간재미

간재미무침

간재미찜

간재미탕은 된장을 풀어 묵은 김치를 넣고 끓인 다음 손질한 간재미를 넣고 한 번 더 끓인 후 간재미 애를 넣고 마무리한다.

간재미는 주로 무침이나 탕으로 요리하지만 가끔 회로도 먹는다. 손질이 쉽지 않고 특별한 맛은 없지만, 그래서 더 찾는 사람들이 있다.

국을 끓인다.

간재미찜은 말린 것이나 생것 어느 것이나 좋다. 회나 무침과 달리 껍질을 벗기지 않는다. 손질한 간재미를 냄비에 넣고 한소 끔 찐 다음 미나리를 넣고 뜸을 들인 후 양념장을 올려 마무리한 다. 쫄깃한 식감을 원하면 말린 간재미를, 부드러운 씹힘을 원하 면 생것을 권한다. 말린 간재미는 쪄서 결을 따라 살을 찢은 후 야채를 넣고 무쳐 먹기도 한다.

간재미탕은 보통 얼큰하게 끓이지만 진도에서는 묵은 김치를 씻은 다음 된장을 풀어서 끓이는 간재미탕이 인기다. 옛날에는 여기에 서민들이 허기를 달래려고 먹던 막걸리를 곁들였는데, 요 즘은 막걸리 대신 홍주를 내놓는다. 쌀과 지초로 정성을 들인 지 체 높은 홍주의 안주인으로 간재미가 간택된 것이다. 이만하면 여전히 막걸리와 궁합을 맞추는 흑산홍어가 부럽지 않다.

다리가 길어 슬픈 게

맛있는 대게를 먹으려면 12월부터 4월이 적기다. 이 무렵, 영덕과 울진은 대게를 찾는 사람들로 북새통이다. 원조 대게의 자리를 놓고 영덕은 역사성을, 울진은 서식지를 근거로 서로가 원조임을 내세운다. 하지만 대게와 관련해서 제일 큰 문제는 따로 있다. 대게를 좋아하는 모든 이들이 주목해야 할 진정한 문제는, 누구든 먼저 집고 보자는 식의 불법 조업으로 말미암아 대게 자원이 줄고 있다는 현실이다. 대게가 동해에서 사라진다면 이런 원조 경쟁은 아무런 의미가 없다.

국내산 대게는 6월부터 11월까지 금어기에 들어간다. 이 무렵 시중에 판매되는 게는 십중팔구 러시아산이다. 그렇지 않으면 러시아산 킹크랩이거나 국산 홍게다. 가장 살이 단단하고 맛이 단 국내산 대게를 맛보려면 12월부터 4월이 적기다. 대게 중에서 으뜸은 속이 꽉 찬 박달대게. 집게발에 수협에서 인증하는 완장을 채우면, 그때부터 일반 대게나 홍게와는 비교도 안될 만큼 몸값이 치솟는다. 처음 대게 맛을 본 날이 떠올랐다. '원조 대게' 간판으로 가득한 영덕 강구항에서였다.

영덕 강구항, 니들이 게 맛을 알아?

항구에 들어서자 입구부터 심상치 않았다. 가게마다 내건 '원

가게에서 파는 게맛살만 맛봤던 막내가 진짜 게맛살을 뽑아 들고 "이 맛이야."라며 웃는다. 글씨를 모르면 문맹이라고 한다. 맛을 모르면 식맹이다. 글씨와 마찬가지로 맛도 어릴 때부터 제대로 된 교육을 통해 알아야 한다.

조' 경쟁이 치열했다. 제법 규모가 있는 가게들은 저마다 큼지막하게 방송국 이름과 방영 날짜를 내걸었다. 마치 음식 맛을 평가하는 기준이 방송이 되어 버린 것 같았다. 가게 앞을 지나는 손님을 잡기 위

영덕군 강구항. 경북 영덕군에서 가장 큰 어항이다. 대게철이면 대게잡이 배가 모두 모인다. 대게 위판장, 대게거리가 있으며 대게축제도 개최된다. 옛날에는 먼 바다에서 잡힌 대게는 강구항에서 위판되어 전국으로 유통되었다.

해 가게 주인들의 손짓이 부산했다. 두 바퀴를 돌고서야 겨우 마음에 드는 가게를 정했다. 자리를 잡고 앉기 전 주인이 대게를 보여 줬다. 한 마리에 3만 원, 3마리에 6만 원이란다. 여기에 밥과 탕이 함께 나온다. 식당 주인은 수족관에서 꺼낸 대게를 보여 주며 따개비가 붙어 있지 않고 다리가 긴 것이 국산이고, 따개비가 붙은 것은 수입산이라고 했다. 그래, 지난여름에 마트에서 보았던 대게에 분명 뭔가 붙어 있었지.

간택한 대게는 먼저 기절시킨다. 옛날에는 뜨거운 물에 넣어 기절시켰는데, 그러면 게의 육즙이 빠져나가 맛이 없어진다고 해서 요즘은 강한 수증기를 쐬어 순식간에 기절시킨다. 솥에 넣었을 때 게가 움직이지 않도록 하려는 것인데, 그렇지 않으면 꺼냈을 때 게 다리가 성하지 않다. 식당 주인은 집에서 삶을 때는 뜨거운 물을 게 입에 부어 기절시키기도 한다고 알려 줬다.

그리고 반시간 쯤 지났을까. 맛을 비교하기 위해 이곳에서 잡히는 대게 종류인 붉은대게, 박달대게(대게), 그리고 대게와 붉은

대게 중 으뜸은 박달대게다.

붉은대게는 박달대게에 비해서 값이 싸 경매를 할 때도 제대로 대우받지 못하는 것 같다. 하지만 대게와 달리 금어기가 없는 붉은대게는 1년 내내 잡을 수 있어 대게 식당에서는 효자로 대우받는다.

따개비가 붙은 대게는 수입산으로, 대부분 러시아산이다. 여름부터 가을까지 대게잡이가 금지된 시기에는 러시아산이나 국산 홍게가 판매된다.

동해에서 잡히는 대게는 너도대게(위), 박달대게(가운데), 붉은대게(아래) 3종이다. 이곳 박달대게의 집게발에는 '영덕대게'라는 반지를 끼운다. 너도대게는 홍게처럼 보이지만 붉은색이 덜하고, 수율(대게의 살이 찬 정도)이 박달대게만큼은 못하지만 붉은대게보다는 좋다.

대게뚜껑밥

대게를 찜통에 넣고 찔 때는 뒤집어서 삶아야 한다. 그렇지 않으면 대게 몸에 들어 있는 육수가 모두 빠져나가기 때문이다. 이렇게 20분간 강한 불에 삶은 후 약한 불에 뜸을 들인다. 삶은 후 게딱지에 맛있는 육수가 모인다.

대게의 이종교배 결과물이라는 너도대게를 한 마리씩 시켰는데, 식당 주인이 주문한 대게를 통째로 가져와 하나씩 집어 먹기 좋게 다듬어 줬다. 이름도 재밌는 너도대게는 향이 좋다. 붉은대게보다는 박달대게가 담백하고 쫄깃쫄깃하다. 대게는 부위별로 살을 빼 먹는데, 그중 맛의 포인트는 긴 다리다. 말 그대로 게 눈 감추듯 먹던 속도가 느려질 때쯤 대게 딱지에 담긴 밥이 나왔다. 적당한 느끼함이 기분 좋게 전해졌다.

자식에게도 쉽게 알려 줄 수 없는 대게 포인트

다음 날 아침, 일찍 일어나 대게 경매를 구경하러 갔다. 신발이 바닥에 쩍쩍 달라붙을 정도로 날씨가 추웠다. 예정된 경매 시간을 훌쩍 넘기고서야 경매를 알리는 종소리가 울렸다. 경매 시간이 늦춰진 것은 추운 날씨에 대게 다리가 얼어 떨어지는 일을 막으려는 것이다. 다리가 없는 대게의 값은 크게 떨어지기 때문이다. 중개인과 구경꾼이 모여들었고, 위판장 바닥에는 순식간에 대게가 깔렸다.

물게는 한쪽으로 밀려났고, 중개인들은 오직 박달대게에만 눈길을 주었다. 대게는 평생 15~17회 탈피하며, 부화한 뒤 홋게→물게→박달대게로 성장한다. 물게는 탈피 직후에 잡힌 게로, 짠물이 많고 살이 없어 헐값에 판매된다. 하지만 홋게는 귀하다. 껍질이 없어 식감이 부드럽다는데 먹어 본 적이 없다. 선원들만 구경을 하는 귀한 게다. 영덕이나 울진의 연안에서 작은 배로 잡은

대게는 '갓바리대게'라고 한
다. 바닷가에서 잡은 대게라
는 의미다. 일본 연근해나 독
도 근해에서 잡은 게와 구별
한 것이다. 부드럽고 단맛이
강한 것이 특징이다.

영덕 차유마을 주민이 인근 어장에서 대게를 잡기 위해 작은
배를 가지고 선창을 빠져나가자 아내가 배웅하고 있다. 독도나
일본과 접한 바다까지 가지 않고 가까운 바다에서 잡는 대게를
'갓바리대게'라고 한다.

대게 중에서 최상품으로 치
는 것은 몸도 단단하고 다리
도 튼실한 박달대게다. 살이 가장 단단하고 달다. 이곳에 모이는
박달대게 집게발에는 '영덕대게'라는 반지를 끼운다. 몸이 단단
한지는 배 색깔을 보면 알 수 있다. 게는 몸에 살이 찰수록 배 색
깔이 짙어진다. 망망대해에서 이런 대게를 잡으려면 좋은 대게를

새해 들어 처음 이루어지는 경매를 '초매식'이라 한다. 날씨가 엄청나게 추웠다. 경매인들은 완전무장을 했지만 박달대
게는 알몸이다. 추위에 행여나 다리가 얼어서 떨어질까 봐 경매 시간을 한 시간이나 늦췄다.

잡을 수 있는 포인트를 알아야 한다. 강구항에서 만난 어민은 좋은 포인트는 "자식에게도 쉽게 알려 주지 않는다."고 했다.

강구항 어민들은 어릴 때부터 대게잡이를 시작해 몸소 경험하고, 아버지의 아버지로부터 서서히 물려받은 기술로 그 포인트를 터득한다. 그래서 이들은 대게잡이라면 자신이 동해 최고라고 자신 있게 이야기한다.

경매에서 낙찰된 대게는 200여 개 식당과 80여 개 난전으로 옮겨진다. 영덕에서 팔리는 대게는 대부분 포항이나 울진에서 잡힌 것이다. 영덕에서 잡히는 대게는 전국 대게 생산량의 7% 정도지만, 이곳에서 대량으로 팔리다 보니 전국에서 잡힌 대게 대부분이 강구항으로 몰린다.

'진짜 원조' 논쟁

대게는 차가운 바다 진흙이나 모래 속에 사는 물맞이게과로 야행성이다. 어린 대게와 성숙한 암컷은 200~300m, 수컷은 300m 이상 수심에 서식한다. 주로 새우, 문어, 오징어, 갯지렁이 등을 먹으며, 먹이가 부족하면 동족의 다리를 잘라먹기도 한다. 러시아 캄차카반도, 일본 북부, 미국 알래스카, 그린란드에 서식하며 우리나라 동해가 남쪽 한계선이다.

『동국여지승람』에는 경상, 강원, 함경 3도 11개 고을 토산물로 대게를 뜻하는 자해(紫蟹) 이야기가 나온다. 다리가 쭉쭉 뻗었다 해서 죽해(竹蟹)라고도 하고, 큰 게라 대해(大蟹)라고도 한다. 발해(拔蟹)라고도 불렀던 것은 '특별한 게'라는 의미일까. 또 대나무처럼 곧게 뻗은 다리가 여섯 마디라 해서 죽육촌어(竹六寸魚)라고도 했다. 영어로는 스노크랩(snow crab). 게살이 눈처럼 하얗다고 해서 붙은 이름이다.

지금도 영덕, 포항, 삼척, 동해, 강릉, 양양, 속초, 고성 등지에서 대게가 잡히지만, 가장 많이 잡히는 곳은 울진군 왕돌초 인근 해역이다. 경북 울진군 평해면 후포리 앞에 있는 바다다. 최근 한국해양연구원이 조사한 결과 126종의 해양생물이 확인되었다. 남북으로 6~10km, 동서로 3~6km에 이르며 면적은 약 15km²이다. 해양생태계가 안정적이어서 대게의 주요 서식지로 알려져 있다. 울진 배가 와서 잡으면 울진대게가 되고, 영덕 배가 와서 잡으면 영덕대게가 된다.

그런데도 대게 하면 일단 '영덕대게'가 떠오르는 이유는 뭘까? 울진에서 잡은 대게를 내륙으로 유통하려면 수산물 공급의 거점이었던 영덕을 거쳐야 했다. 영광 법성포로 전국에서 잡힌 조기가 몰려드는 것과 비슷하다. 울진 사람들은 대게 어획량이 가장 많은 곳은 울진이므로 '울진대게'라는 이름을 찾고자 한다는 주장이다. 반면 영덕에서는 고려 태조가 이곳에서 대게를 먹었고, 조선시대에는 진상품이었다며 전통을 내세운다.

축제에서도 두 지역은 양보가 없다. 울진은 최근에 열린 축제에서 독도와 대게의 최대 서식지인 왕돌초, 울진대게 원조마을이라는 거일리의 바닷물을 하나로 섞는 합수식을 했다. 대게의 주요 서식지가 '우리 땅'임을 선언한 것이다. 영덕에서는 고려 태조

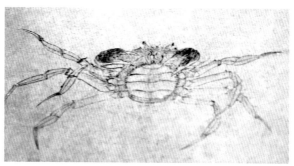

영덕의 대게 원조마을로 알려진 차유
마을에 세워진 기념비

오죽헌에 전시되어 있는 신사임당이 그린 대게 그림

가 행차해 수라상으로 대게를 받았다는 '왕건 행차'와 대게 진상
장면을 재현했다. 대게의 원조는 서식지와 역사성 중 무엇으로
판단해야 할까?

영덕과 울진에 모두 대게 원조마을이 있다. 영덕은 축산면 차유
마을이 원조마을이다. 고려 29대 충목왕 2년(1345년), 초대 영해부
사 정방필이 부임할 때 가마를 타고 이 마을의 고개를 넘어왔다고
해서 차유(車踰)라는 이름이 붙었다. 정방필은 이 마을에서 진상한
대게의 맛에 반해 하루 더 머물고 갔다고 한다. 울진은 평해읍 거
일마을을 원조마을로 꼽는다. 울진에서 대게를 가장 많이 잡는 마
을로, 이름도 '게알'에서 나온 '기알'이 '거일'로 바뀐 것이란다. 이
두 마을에 모두 대게 원조마을임을 알리는 대형 조형물이 있다.

'진짜 문제'는 대게의 위기다

뜨거운 원조 논쟁과는 달리, 대게 어획량은 매년 급감하고 있다. 영덕 지역의 어획량은 2005년 1,670톤에서 2012년 484톤으로 크게 줄었다. 대게는 다른 어종에 비해 산란할 수 있는 나이가 7세로 늦기 때문에(오징어 1세, 대구 3세, 도루묵 3세) 자원 회복도 그만큼 느릴 수밖에 없다. 어획량이 줄어든 이유로는 수온 상승과 같은 해양환경의 변화, 폐기물로 말미암은 해양오염, 남획 및 불법 조업 등을 들 수 있다. 그중에서도 주인 없는 바다에서 먼저 잡는 사람이 임자라는 인식에서 불거지는 불법 조업이 큰 문제다.

대게는 통발이나 자망으로 잡는다. 통발은 다랑어를 미끼로 넣어 대게를 유인하고, 자망은 바다 밑에 일주일 동안 그물을 넣어 대게를 잡는다. 이외에도 그물을 바다 속에 넣고 끌어가며 대게를 잡는 트롤(저인망)도 있다. 통발은 어획량이 많지 않고, 트롤은 어획량은 좋지만 상품성이 떨어지므로, 어민들이 가장 많이 이용하는 것은 자망이다. 자망은 통발과 트롤의 단점을 보완할 수 있

대게잡이는 영덕만 아니라 포항, 삼척, 동해, 강릉, 양양, 속초, 고성 등과 같은 동해안에서도 이루어진다. 가장 많이 잡히는 곳은 동해의 황금 어장이자 생명의 보고라는 울진군의 '왕돌초' 해역이다. 당일바리가 아닐 경우 4~5일 조업을 한다.

기 때문이다.

이 중 통발을 이용한 대게잡이는 연중 '대게통발금지구역'(연안에서 가까운 수심 400m 이내) 내로 어획이 제한된다. 또한, 수산자원관리법에 따라 암컷 대게와 체장 미달(9㎝ 이하) 대게, 수컷 대게 포획 금지기간(6~11월)과 구역도 지정되어 있다. 그럼에도 불법으로 잡은 대게가 은밀히 식당으로 유통된다. 불법 조업과 유통이 전문화되고 있기 때문이다. 불법 어획물 판매를 금지하고는 있지만, 큰 성과는 없어 보인다. 더불어 1999년 한일 어업협정으로 대화퇴어장을 일본에 내주어 오징어나 대게를 잡는 어민의 살림살이는 더욱 위축되었다.

대게를 잡는 통발

'죽을 때 죽더라도 대게 한 번 먹고 죽자.' 대게를 홍보하는 문구가 재밌다. 강구항의 대게 식당은 300여 곳에 이른다. 손님의 눈길을 끌 수 있는 것은 모두 동원된다.

대게 출하. 수협을 통해 계통출하하지 않고 곧바로 판매되는 대게가 더 많다.

맛있는 대게를 후손들에게도 물려주고, 지역도 풍요를 누리기 위해서는 울진과 영덕을 넘어서는 대게자율관리공동체 마련이 시급하다.

보령시 녹도는 한때 조기 파시가 형성되었던 섬이다.
찬바람이 불면 낚시꾼도 뜸한 외딴 섬이지만 질 좋은 홍합 부인 덕에 쾌속선이 들른다.

홍합
훌륭한 요리이자
천연 조미료

겨울과 봄 사이, 홍합철이 되면 바닷가 마을 주민들은 바빠진다. 해녀들은 홍합을 따러 먼 바다로 나가고, 남자들과 할머니들은 물 빠진 홍합밭으로 간다. 홍합 덕분에 아이들을 가르쳤고, 시집장가도 보냈다. 홍합은 오장을 보호하고, 여성의 빈혈이나 노화 방지 등에도 효과적이다. 또한 그 자체로 훌륭한 요리지만, 다른 요리에 깊은 맛을 더해 주는 조미료로도 그만이다. 여러 모로 참 고마운 조개다.

프랑스 남서해안 작은 포구도시에서의 일이다. 맛있는 고등어와 대구 요리를 앞에 두고는 한 할머니가 홍합 드시는 것만 지켜보고 있었다. 백발의 멋진 프랑스 할머니는 홍합을 한 냄비 시켜 놓고 홍합 속살을 꺼내 드셨다. 포장마차에서 소주 한 잔 털어 넣고 홍합 국물을 마시던 생각이 나 침을 꼴깍 삼켰다. '국물이 더 맛있는데.' 내 마음을 읽었는지 할머니는 바로 수저를 들고 냄비를 기울여 뽀얀 국물을 떠 드셨다. 유럽여행을 하다 보면 곧잘 홍합 요리와 마주한다. 벨기에의 홍합 요리가 가장 유명하지만, 와인이나 맥주와 잘 어울려 프랑스, 스위스, 독일, 스페인, 이탈리아 등 유럽의 여느 식탁에서 쉽게 볼 수 있다.

우리가 먹는 홍합은 홍합이 아니다?

인류가 홍합을 먹기 시작한 것은 신석기시대부터다. 부산 동삼동의 조개무지에서 발견된 42종의 패류 중 굴과 홍합이 가장 많았다. 오늘날 지구에는 250여 종의 홍합이 산다. 이 중 우리나라에서 볼 수 있는 것은 홍합, 지중해담치, 동해담치, 털담치, 비단담치 등 13종이며, 식탁에 자주 오르는 종은 진주담치와 홍합이다. 둘 중에서 우리가 먹는 홍합의 99%가 진주담치라면 과장일까.

지난여름에 태안 가의도에서 어른 손의 한 뼘 길이만큼 큰 홍합을 본 적이 있다. 주민에게 물었더니 4년은 자랐을 것이라고 했다. 우리 홍합은 보통 2~3년은 자라야 먹을 만큼 자란다. 진주담치는 1년 정도 양식하면 7㎝ 내외로 자라 시중에 유통된다. 진주담치가 홍합이라는 이름으로 둔갑하면서 식탁에서만 아니라 연안의 가까운 갯바위도 점령했다.

우리 홍합은 옹진군의 이작도, 울도, 굴업도, 태안의 가의도, 격렬비열도, 여수의 거문도 일대, 신안의 흑산도, 홍도 일대, 울릉도 등 먼 바다의 외딴 섬으로 밀려났다. 이름도 '참홍합' 혹은 '참담치'로 바뀌었다. 신진도 수산시장에서 자연산 홍합을 만났을 때, 값을 물어보니 1kg에 7,000원을 달라고 했다. 가의도 주민들이 무인도까지 나가서 캐야 하고, 죽도의 해녀들이 물속에서 씨름을 하며 캐 와야 하는 것에 비하면 값이 너무 헐하다.

진주담치는 서유럽이 원산지로, 2차 세계대전 이후 배의 바닥에 붙거나 선박평형수(ballast water)에 유생으로 포함되어 국내로 유입된 것으로 추정한다. 선박평형수는 화물을 내린 배가 빈 배로 이동할 때 배의 균형을 유지하기 위해 탱크에 채우는 바닷물이다. 유럽이나 지중해에 화물을 운반한 배가 그곳에서 화물 대신 평형수를 싣고 부산이나 마산으로 들어오는 과정에서 딸려 왔을 것이다. 진주담치는 접착력이 강한 '족사'를 이용해 바위, 밧줄, 방파제, 어망, 배 밑 등 어디든지 군락을 지어 붙어서 자란다. 이런 생태적 특성 때문에 대항해시대, 세계대전 시기에 세계로 퍼졌다. 우리 모시조개가 미국의 캘리포니아 LA 앞바다에서 발견된 것도 같은 이유다.

마산만과 거제, 여수의 가막만 일대에서 대규모로 양식되는 진주담치는 껍질이 얇고 크기는 홍합의 절반이다. 연안의 갯바위에서 쉽게 볼 수 있으며, 겉은 검은빛에 광택이 나며 매끄럽다. 반면에 홍합은 겉은 진회색이며, 따개비나 해초 등 부착생물이 붙어 지저분해 보인다.

국내에서는 1960년대 마산만에서 홍합 양식이 시작되었다. 조

홍합은 깊은 바다 속 바위에 붙어살기에 따개비와 해초 등이 껍질에 붙어 지저분하다. 반면 진주담치는 물이 빠지면 햇볕에 노출되고 파도에 씻기므로 부착생물이 자라기 어려워 말끔하다.

홍합(왼쪽)은 2~3년 자라야 먹을 만한 크기가 되지만 진주담치는 번식력과 적응력이 뛰어나 1년만 자라도 식탁과 갯바위를 점령한다.

류가 빠르면 먹이활동이 어렵고, 조차가 크면 양식 시설을 할 수 없었기에 동해도, 서해도 아닌 남해안의 마산만에 자리를 잡았다. 이후 여수의 가막만, 거제와 진해만 등 유사한 조건을 갖춘 곳으로 확산되었다.

홍합은 약이자 독이었다

『난호어목지』에는 홍합 이름의 유래가 잘 설명되어 있다. 홍합은 "동해에서 난다. 해조류가 자라는 위쪽에 분포하며, 맛이 채소처럼 달고 담박하므로 조개류이면서도 채소와 같은 채(菜)자가 들어가는 이름을 얻었다."고 했다. 바다에서 나는 해산물이지만 염분이 거의 없고, 오히려 홍합 속의 칼륨이 체내에 축적된 나트륨을 제거해 주는 특성이 있다. 담치는 담채에서 비롯되었고, 홍합은 살이 붉은 것에서 유래한 것이다.

『자산어보』에서도 "홍합은 살이 붉은 것이 있고, 흰 것도 있다."고 했다. 붉은 것은 암컷이고, 흰 것은 수컷이다. 어린 개체군에서는 수컷이 많고, 큰 개체군에서는 암컷이 많아 성전환을 하는 것으로 알려져 있다. 더불어 홍합을 '담채'라 적고, 담채, 소담채, 적담채, 기합으로 나누었다. 이 중 기합은 키조개로 홍합과 종이 다르다.

담채에 대해서는 "껍질의 앞이 둥글고 뒤쪽이 날카로우며 큰 놈은 한 자나(30㎝ 정도) 되고 폭은 그 반쯤 된다. 뾰족한 봉우리 밑에 털이 더부룩하게 나 있어 돌에 붙는데 수백 수천 마리가 무

바다에서 물고기가 많이 잡힐 때는 홍합은 찬거리에 불과했지만, 지금은 홍합과 미역이 먼 바다 작은 섬의 돈벌이가 되고 있다. 물때에 맞춰 따온 홍합의 껍질을 벗겨 알홍합으로 판매한다. 가끔 낚시꾼이 훑어가 어민들 속이 상하기도 한다.

리를 이루고 있다. 조수가 밀려오면 입을 열고 밀려가면 입을 다문다. 껍질 표면은 새까맣지만 안쪽은 검푸르고 매끄럽다. 살색이 붉은 것과 흰 것이 있다. 맛은 감미로워 국을 끓여도 좋고 젓을 담가도 좋다. 그러나 말린 것이 몸에 가장 이롭다.”고 했다.

『동의보감』에는 “홍합은 성질이 따뜻하고, 맛은 달며, 독이 없다. 오장을 도와주고, 허리와 다리를 부드럽게 하며, 몸이 허약하

옹진군 울도. 한 노부부의 텃밭에 홍합 껍데기가 수북하다. 가을 내내 해바라기를 하며 까서 연안 부두의 어시장에 내다 판다.

‘살포(아래)’와 호미를 가지고 갯바위에 붙은 홍합을 캔다. 물질을 하지 않고 물이 빠진 후 캐야 하기 때문에 힘들다.

홍합도 암수가 있다. 껍질을 깠을 때 살이 붉은빛이면 암컷, 살이 희면 수컷이다.

마른 홍합은 국물의 맛을 결정하는 천연 조미료다.

고 손상되어 여위는 것을 다스린다. 또한 산후에 피가 뭉쳐서 배가 아픈 것을 다스린다."고 했다. 홍합은 오장을 보호하며, 여성의 빈혈이나 노화 방지에 효과적이다.

그러나 산란하는 늦봄에서 여름 사이에는 가급적 피하는 것이 좋다. 삭시토닌(saxitoxin)이라는 독소 때문이다. 잘못 먹으면 안면마비, 언어장애, 식도와 기도마비로 인한 호흡곤란 등이 일어날 수 있으며, 심한 경우 목숨이 위태롭기도 하다. 『세종실록』에도 "옥포에서 홍합을 먹고 죽은 자가 7명이나 된다."는 기록이 있다. 경상도에서 올라온 보고를 듣고 왕은 "홍합은 본시 독이 있는 물건이지만 죽은 자가 많은 것이 홍합 때문인지 나이가 많은 노인에게 물어보아라."라고 유시를 내리기도 했다.

요리로 먹어도 좋고, 요리에 넣어도 좋고

소금이 귀한 동해안에서 홍합은 최고의 요리 밑천이었다. 게다가 꼬챙이에 꿰어 말려 놓고, 제사상에 올리고, 두고두고 밑반찬으로 이용했다. 통영에서는 가장 크고 실한 홍합 5개를 꼬치에 꿰어 오가재비, 10개를 꿰어서 동가재비라 했고, 나머지는 말로 판다고 해서 말합이라 불렀다. 또 홍합 삶은 물을 졸여 '합자젓국'을 만들었다. 나물을 무치거나 국을 끓일 때 한 수저씩 넣으면 그만이다.

자연산 홍합탕인 섭탕. 자연산 홍합을 '섭' 또는 '참담치'라고 부른다.

양식산 홍합인 진주담치로 끓인 홍합탕

홍합 요리를 하려면 우선 굵은 소금을 뿌려 조가비를 바락바락 문질러 씻는다. 그래도 미심쩍다면 밀가루를 뿌린 후 주물러 주면 껍질이 깨끗해진다. 그리고 봉우리 밑에 붙은 털 '족사'를 잡아당겨 떼어 내야 한다. 가장 손쉽게 많이 하는 요리는 홍합탕이다. 갈무리한 홍합이 잠길 만큼 찬물을 붓고 다진 마늘을 넣어 팔팔 끓인 후, 매운 고추를 넣어 얼큰하게 먹는다. 포장마차나 술집에서 안주가 나오기 전에 흔히 내놓는 메뉴다.

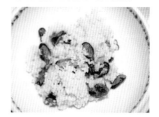
홍합밥

요즘은 웰빙식으로 홍합밥을 즐기는 사람들도 있다. 건홍합을 사용할 때는 30여 분 이상 물에 불려서 사용해야 한다. 홍

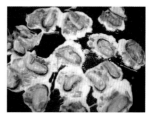
홍합전

홍합구이

합만 넣어도 좋지만 콩나물, 버섯, 은행을 함께 넣으면 더욱 맛깔스럽다. 마무리는 양념장에 참기름을 곁들여 쓱쓱 비벼 먹는다. 북한에서는 생홍합을 참기름에 볶다가 간장으로 간을 한 후, 불린 쌀로 밥을 짓는 것을 '섭조개밥'이라 했다. 서해 무의도와 동해 울릉도에서는 홍합탕을 '섭탕'이라 부른다. 자연산 홍합을 씻어서 파, 고추만 넣고 끓인 탕이다.

미역국에 소고기 대신 홍합을 넣어도 잘 어울린다. 미역은 소금, 맛술, 다진 마늘, 참기름을 넣고 버무려 밑간을 한 다음 볶는다. 여기에 찬물을 부으면 육수와 어우러진다. 홍합은 오래 끓이면 질겨지기 때문에 미역이 충분히 끓으면 넣는다.

양식 홍합의 주산지인 마산과 통영에서는 특히 홍합 요리가 다

홍합파에야. 스페인 이비자 섬에서 시킨 요리로 여러 가지 해산물을 넣어 만든 볶음밥이다.
육수에 볶은 고기나 해산물, 토마토, 고추, 콩 등을 넣어 볶고, 쌀과 함께 뭉근히 끓여 완성한다.

양하다. 홍합밥과 홍합미역국 외에 시금치, 양파, 채소, 양념에 당면을 넣는 홍합두루치기도 있다. 여수 향일암에서 홍합탕을 찾아 길을 나섰다가 맛본 홍합전은, 따로 간이 필요 없는 안주였다. 홍합에 계란 노른자를 입히고 노릇노릇 익어갈 무렵 잘게 썬 부추와 당근을 얹으면 완성이다. 마른 홍합을 다져서 밀가루, 계란과 섞어서 부치기도 한다. 꼬치에 꿰어 반 건조시킨 홍합에 양념장을 발라 가며 구운 홍합꼬치구이 역시 최고의 술안주다. 아이들 간식으로도 손색없다.

간장, 물엿, 홍합을 넣고 끓이다가 깨소금을 넣는 홍합조림도 좋다. 참기름을 두르고 홍합 다진 것을 넣고 끓이다 쌀을 넣고 죽을 쑤기도 한다. 이를 섭죽이라 한다. 참기름은 비릿한 맛을 제거하고 구수한 맛을 더해 준다. 짬뽕이나 우동에도 홍합이 빠지면 약방에 감초가 빠진 격이다. 아예 홍합을 껍질 째 넣은 홍합짬뽕도 등장했다.

홍합은 일품요리로도 훌륭하지만, 조미료로 쓰기에도 그만이다. 바로 따온 홍합이라면 더 말할 필요가 없다. 뽀얗게 우러나는 국물은 백합에 비할 바가 아니고 멸치국물처럼 자극적이지도 않다. 오롯이 제 한 몸을 바쳐 어떤 양념으로도 낼 수 없는 맛을 만드는 자연 조미료다.

나그네새들이 겨울을 나고 시베리아로 떠날 준비를 하는 봄. 갈매기는 고단한 날갯짓을 잠시 접고
조개 속에 숨어들었다. 그리고 맑은 국물이 되어 봄기운을 돋아 준다.

참새, 바다에 들다

새조개는 발인 부족(斧足)을 내밀고 물에 둥둥 떠다니는 모습이 하늘을 나는 새와 닮았다 해서 이런 이름이 붙었다. 이 바다의 새는 겨울을 보내고 봄을 맞이하는 철에 가장 달달해진다. 입안 가득 퍼지는 그 달콤함과 부드러움을 형상화한다면, 겨우내 언 땅에서 파릇파릇 움을 틔우는 새싹과 같지 않을까.

안면도가 한 눈에 들어오는 남당포구. 비가 오는데도 주차장이 차들로 가득하다. 가을철에는 대하를 찾는 사람으로 북적인다지만 봄으로 가는 길목에 무슨 잔치라도 벌어진 것일까. "새조개 먹고 가세요. 서비스로 멍게랑 개불도 드려요." 새조개의 위력에 팔딱이는 광어, 도미는 뒷전이다. 어느 집으로 들어갈까. 특별히 잘 다니는 단골집이 없을 때는 난감하다. 한 식당 주인이 새조개 살을 보이며 "꼭 새를 닮았지요. 지금이 제철이에요."라며 발걸음을 붙들기에 바다가 잘 보이는 이층으로 올랐다.

새조개, 새를 닮다

새조개는 이치목 새조개과 연체동물이다. 인기만큼이나 지역마다 부르는 이름도 다양하다. 부산과 창원에서는 갈매기조개,

여수에서는 토리가이(鳥貝, トリガイ), 해남에서는 새조개, 남해에서는 오리조개라 부른다. 여수에서 부르는 이름은 일본인이 많이 거주하던 시절, 그들이 즐겨 찾던 것이라 일본식 표현이 그대로 통용된 것 같다. 손암도 『자산어보』에 새조개를 두고 "참새가 변한 것이 아닌가 의심이 된다."고 적었다. 이름은 저마다 다르지만, 공통점은 '새'가 조개 이름에 사용된다는 점이다. 이 '새'의 정체는 발이다. 발이 길어 껍데기를 까면 그 모양이 새와 비슷하다. 또한 경남에서는 해방과 더불어 많이 잡혀 생계를 유지할 수 있었다고 해서 '해방조개'라 불리기도 했다.

새조개는 껍데기가 얇고, 표면에 있는 방사륵 40~50개를 따라 작고 부드러운 털이 나 있다. 꼬막, 피조개, 굴 등 이매패의 조개들은 살아 있는 채로 껍데기를 까는 것이 쉽지 않다. 보통 칼을

가막만이나 천수만이 주산지인 새조개는 한때 '바다의 로또'라고 불릴 만큼 높은 소득원이었다.
어민들보다는 권력과 힘 있는 사람들이 어장을 차지해 불법 채취와 어장 매매가 발생하기도 했다.

새조개의 발인 부족은 꼭 새 부리를 닮았다. 그 모양을 보고 새조개, 갈매기조개, 오리조개와 같은 이름이 붙었다.

패각(貝殼) 안으로 집어넣어 패주를 잘라 낸다. 패주는 껍데기에 붙어 열고 닫는 작용을 하는 근육 한 쌍을 말한다. 아니면 삶아야 껍데기를 깔 수 있다. 그러나 새조개는 다르다. 두 손으로 조개를 감싸 잡고 엇갈리게 비틀면 쉽게 까진다. 가장 맛이 좋은 철은 산란 후 살이 통통하게 오른 겨울에서 이른 봄까지다. 여름부터 가을까지는 산란철이다.

카메라를 가지고 조개를 찍어 대자 주인이 새조개를 손에 쥐고 좌우로 비틀어 패각 안에 들어 있는 살을 꺼내 엄지와 검지로 집어 부족(斧足)을 보여 주었다. 꼭 새의 부리를 닮았다. 새조개가 부족을 내밀고 물에 둥둥 떠 있는 모습이 새가 나는 것 같다고 한 것이겠지. 그러나 보지를 못했다. 혹자는 그 육질이 새고기 맛과 비슷하다고 새조개라 부른다 하기도 한다.

바다의 로또, 새조개

새조개는 전남 여수 가막만, 고흥 득량만, 충남 천수만, 경남 창원 진해만 등에 많이 산다. 여수에서 새조개를 많이 잡기 시작한 것은 일제강점기 때다. 당시 가막만에서는 끌개를 배의 꽁무니(고물)에 매달고 펄을 긁어 새조개를 잡았다. 지금은 매립되어

여수 넘너리 선착장에서 새조개를 잡는 '형망'이라 부르는 어구를 발견했다. 일제강점기 가막만 어장에서 불법으로 새조개를 채취한 타뢰망이 진화한 것이다. 당시 여수 종포에는 일본 아이치현에서 어업 이민을 온 일본인들이 정착했었다.

그 모습을 찾기 어렵지만, 1920년대의 여수 종포(현 종화동) 앞은 배들이 정박하는 곳이었다.

특히 일본의 아이치현 어업 이민단이 운영하던 배들이 많았다. 일본인들이 운영하던 이 배들은 '타뢰망(범선저인망, 밑그물, 바람돛방 등으로 불림)'을 이용해 불법으로 새조개를 싹 쓸어 갔다. 그래서 지역 어민들이 새조개를 채취해 팔기 시작한 것이 오래된 일이 아니다. 선수와 선미에 긴 장대로 그물을 펼쳐 바다 밑을 긁어 조개류나 광어 등을 잡는 어법으로, 거제, 삼천포, 여수, 고흥 등에서 많이 했다. 기선저인망 즉 초기 고대구리어업이라 할 수 있다. 최근에는 형망이라는 어구를 선미에 매달아 끌거나 잠수기나 나잠어업으로 잡기도 한다.

국내에서 새조개가 인기를 끌기 시작한 것은 20여 년 전이다. 새를 닮았다는 발이 초밥을 만들 때 재료로 사용돼 일본으로 전량 수출되기도 했다. 특히 여수 가막만의 새조개를 으뜸으로 꼽았다. 키조개와 함께 가막만의 새조개는 힘이 있는 사람들이 찾는 '로또'가 되면서 다이버나 잠수기를 이용한 불법 채취와 불법 어장매매가 극성을 부리기도 했다.

요즘은 남당항의 새조개가 인기다. 천수만이 새롭게 새조개 산지로 주목받게 된 것은 서산 간척지와 관련이 깊다. 김 양식장으로 유명했던 남당리와 어사리가 간척으로 해양환경이 변하면서 패류산지로 바뀌었다. 남당항 맞은편에 있는 안면읍 황도의 바지락이 유명해진 것도 같은 이치다. 조류가 빠른 곳은 김 양식이 잘되지만 패류는 펄과 모래가 적절하게 섞인 곳에서 서식한다. 방조제가 막히면서 패류에 맞는 서식환경이 조성된 것이다.

새조개 양식도 진행 중이다. 그동안 자연산에만 의존했던 탓에 수온, 태풍 등에 따라 매년 생산량의 부침이 심했다. 새조개는 몇 년간 잡히지 않다가도 한 번에 대박을 터트리기 때문에, 그런 패턴이 늘 반복된다고 생각해 바다자원의 관리를 소홀히 해 왔다. 그 탓에 1990년 후반부터 새조개 생산량은 급격하게 감소했다. 단순하게 어장환경만 깨끗하게 한다고 해결될 차원이 아닌 것이다. 몇 년 전, 여수 가막만에서 새조개 인공종묘에 성공했다는 소식이 들렸다. 진해에서도 인공종묘를 이용해 새조개 시험양식을 진행하고 있다.

새조개의 달콤함, 겨울의 끝자락을 메우다

새조개 맛은 1월과 2월, 절정에 이른다. 수온이 따뜻해지면 산란하면서 빠르게 살이 빠지고 달콤한 맛과 향도 떨어지는 탓이다. 여수 넘너리 수산시장을 기웃거리자 새조개를 까던 어머니가 주인 몰래 살짝 하나를 집어 입에 넣어 주었다. 비릿함보다는 부드러움이 먼저 입안을 메운다. 이어서 달콤함이 혀끝을 자극하더니 물컹한 육질을 이빨로 씹자 육즙이 입 안 가득 퍼진다. 맛있다. 이번에는 주인을 불러 1kg만 달라고 했다. 4만 원이다. 모두 주문해 놓은 것이라 팔 것이 없다는 것을 빼앗듯 돈을 주고 들고 나왔다. 요즘 가막만의 새조개가 예년에 비해 많이 잡히지 않아 걱정이다.

새조개 요리를 하려면 두 손으로 새조개를 감싸 쥐고 비틀어서 껍데기를 깐 다음, 속살은 바닷물이나 소금을 약간 넣은 물에 세척해야 한다.

새조개 하면 '여수 새조개삼합'을 빼 놓을 수 없다. 불판 위에 삼겹살이 노릇노릇 익어갈 무렵 2년 묵은 김치를 올린다. 목살에서 빠져나온 기름과 육즙이 김치와 만난다. 그리고 주인공인 가막만에서 잡은 새조개를 키조개

여수에서는 홍어삼합보다 새조개삼합이 우선이다. 노릇노릇한 삼겹살과 잘 익은 김치, 새조개, 해풍을 맞고 자란 시금치를 상추에 올려 쌈 싸먹으면 맛이 기막히다. 요리가 마무리될 무렵 낙지를 넣어 요리해도 좋다.

와 함께 놓는다. 가운데에는 돌산 해풍 속에서 자란 시금치가 자리 잡는다. 돼지고기와 묵은 김치, 살짝 익힌 새조개를 얹어 상추에 싸먹는 것이 여수식 새조개삼합이다. 비싼 새조개를 늘려 먹을 수 있고, 맛도 좋다. 여기에 키조개를 곁들이거나 큰 산낙지를 올려 마무리하면 부러울 것이 없다. 흔히 삼합이라면 '홍어삼합'을 떠올리지만 여수에서는 삼합이라 하면 '새조개삼합'을 우선한다. 백합이 조개의 으뜸이라지만 여수에서는 새조개를 넘지 못한다.

또 다른 새조개 요리로는 살짝 데쳐서 먹는 '데침회'가 있다. 흔히 샤브샤브라 한다. 지역에 따라 육수를 만드는 방법에는 약간

씩 차이가 있다. 항구에 가서 먹는다면 남당항 회 센터의 새조개데침회를 추천한다. 집에서 먹는다면 다시마, 멸치 등으로 육수를 만든 후 배추, 시금치, 무 등을 넣고 끓이면서 새조개를 살짝 익혀 먹는다. 부드럽게 씹히는 것을 원한다면 10~15초, 생것에 탈이 잘 나는 사람은 30초 정도 익히는 것이 좋다.

새조개 요리 중 가장 고급으로는 새조개꼬치구이를 꼽아야 할 것 같다. 새조개를 꼬치에 끼워서 말린 후 진간장, 물엿, 다진 마늘, 참기름, 깨소금 등으로 만든 양념을 끼얹어 조린 것이다. 고흥 나로도에는 비슷한 '바지락꽂이'도 있는데, 이 또한 말로 표현할 수 없을 만큼 맛있다. 이외에도 새조개를 넣고 끓인 시원한 무국이나 산후 원기회복을 위한 새조개미역국을 먹기도 한다. 단백질과 철분이 풍부하니 산모들에게는 보약이다. 게다가 심근경색이나 고혈압에도 좋다니 어르신들에게도 권할 만하다.

새조개데침회는 육수에 배추, 부추, 버섯 등을 넣고 팔팔 끓인 다음 새조개를 살짝 넣고 건져 먹는 요리이다. 그 후 칼국수나 수제비를 넣어 마무리한다.

남해에서는 봄철에 도다리쑥국이 대세다. 국에 들어가는 것은 재배한 쑥이 아니라 섬에서
자란 쑥이다. 그래서 섬 할머니들에게 쑥 캐는 일은 봄철 용돈벌이로 쏠쏠하다.

도다리

봄에는 도다리가 아니라 도다리쑥국

흔히 '봄 도다리, 가을 전어'라고 한다. '봄 도다리'는 봄철에 유명한 도다리쑥국에서 나온 말이다. 하지만 사실 이 명성의 주인공은 도다리가 아니라, 이름 앞자리를 도다리에게 내준 쑥이다. 봄 쑥은 보약인 탓에 봄철에 세 차례만 먹으면 병치레가 없고 여름을 거뜬하게 보낼 수 있다. 도다리쑥국에 넣는 문치가자미는 정작 봄철에 살이 오르지 않아 맛이 없다. 가자미 무리를 뜻하는 도다리는 오히려 여름이나 가을이 제철이다.

"할머니 뭐 하세요?"

"쑥 캐는 거여."

"쑥이 어딨어요?"

"젊은 사람이 이것도 안 보여?"

할머니는 손에 든 쑥을 보여 주며 미소를 지으셨다. 봄 햇살에 두툼한 모자 사이로 삐져나온 하얀 머리카락이 반짝였다. 신기하게도 할머니가 작은 칼을 덤불 속으로 쑥 밀어 넣을 때마다 어린 쑥이 하나씩 올라왔다. 나그네에게는 보이지도 않는 어린 쑥을 할머니는 용케도 찾아내셨다. 이렇게 작은 쑥으로 무엇을 하시려는 걸까 궁금했다.

"팔어. 배로 시장에 보내. 쑥국 끓이는 데 쓴대."

할머니가 물메기철이 끝난 추도 양지바른 곳에 주저앉아 어린 쑥을 캐고 계셨던 이유는 봄철을 맞아 도다리쑥국을 개시한 식당의 주문 때문이었다. 재배한 쑥이 아니라 섬에서 자란 것이라 향기도 좋고 비싼 값에 팔리기 때문에 꽤 짭짤하다고 하신다.

'봄 도다리'의 진실

해마다 봄이면 순례처럼 통영을 찾는다. 동피랑이 그리워서도, '김약국의 딸'이 보고 싶어서도 아니다. 통영의 십년지기 친구가 권한 도다리쑥국 때문이다. 도다리쑥국은 관광객이 찾기 전까지 남해안 가정에서 봄철 입맛을 돋우기 위해서 끓이던 음식이었다. 통영이 여행지로 주목을 받으면서 덩달아 도다리도 봄철이면 귀한 대접을 받게 되었다.

이번에는 통영에서 가까운 사천의 도다리쑥국 맛을 보고 싶어 아내도 함께 사천으로 향했다. 아내는 지난해 욕지도에서 도다리쑥국을 맛보고 아주 반했다. 그런데 통영처럼 식당 입구에 붙어 있을 것으로 알았던 '도다리쑥국 개시'라는 현수막을 찾을 수 없었다. 시기가 너무 이른 것일까. 겨우 겨우 도다리쑥국을 하는 작은 식당을 발견했다. 마침 주인이 식탁에서 쑥을 다듬고 있었다.

봄 내음이 향긋한 도다리쑥국을 먹고 나서야 수족관에 있는 고기들이 보였다. 구경을 하고 있자니 주인이 따라 나와 하나 둘 설명해 주었다. 그중 인상적인 생선이 돌도다리였다(집으로 돌아와 어류도감을 찾아보니 주인이 보여 준 도다리는 줄가자미였다). 회를 썰

어 놓으면 돔하고도 바꾸지 않을 만큼 맛이 좋다고 했다. 주인은 친절하게 일본에서는 '이시가레이(イシガレイ)'라고 부른다는 말도 덧붙였다.

또 도다리를 회로 먹으려면 여름이 제철이라는 것, 지금은 도다리가 살이 차지 않아 쑥국용으로 먹는 것이라고 했다. 도다리가 살이 찰 무렵이면 쑥이 너무 커서 국에 어울리지 않는다. 결국 도다리쑥국은 어린 쑥이 중심이고, 도다리는 곁다리인 셈이다. 이것이 도다리는 봄이 제철인 것처럼 와전되어 '봄 도다리, 가을 전어'라는 말이 나온 게 아닐까 싶다.

사천 수산시장에서는 도다리쑥국용 도다리를 '참도다리'라고 팔고 있었다. 살펴보니 문치가자미였다. 문치가자미는 겨울과 봄 사이에 산란한다. 그러니 일찍 산란하지 않는 이상 봄철에는 살

도다리쑥국은 남해의 언 땅을 뚫고 나온 해쑥의 봄기운과 바다 향기가 어우러진 봄철 대표음식이다.
춘삼월에 쑥국을 세 번만 먹으면 여름에 병치레를 하지 않는다고 했다. 남해안 사람들은 쑥국에 봄에 잡힌 생선을 넣어 보양을 겸한 담백한 음식을 만들어 먹었다.

이 오르지 않아 맛이 떨어진다. 식당 주인의 말처럼 도다리회나 탕을 원한다면 여름철이나 가을철을 권한다.

도다리와 넙치는 같은 가자미 집안

도다리는 범가자미, 물가자미, 문치가자미 등과 함께 가자미목 붕넙치과에 속한다. 도다리라는 고유 명칭을 가진 물고기도 있지만 가자미를 총칭해 '도다리'라고도 한다. 도다리와 생김새가 비슷한 넙치도 가자미목 넙치과에 속하는 어류다. 가자미목은 도다리나 넙치 외에 서대까지 포함해 자그마치 그 종류가 500여 종에 달한다. 그러니 도다리와 넙치는 사촌뻘이 된다.

우리나라 연안에서 서식하는 가자미는 20여 종으로 알려져 있다. 이들 중 넙치를 제외하고는 대부분 자연산에 의존하며, 도다

가자미류는 자라면서 몸 한쪽을 바닥에 붙이고 다녀 눈이 점점 한쪽으로 쏠린다.

리쑥국에는 문치가자미를 많이 사용한다. 봄철에 많이 잡히기 때문이다. 반면에 겨울철에 동해에서 많이 잡히는 물가자미는 가자미식해를 만들 때 이용한다. 실제 이름이 도다리인 물고기는 양식이 어렵고, 어획량도 많지 않아 쑥국에는 말할 것도 없고 활어로도 공급이 부족하다.

『우해이어보』에도 "도달어(鯠達魚)는 가을이 지나면 비로소 살이 찌기 시작해서, 큰 것은 3~4척이나 된다. 그래서 이곳 사람들은 가을도다리(秋魚禾) 혹은 서리도다리(霜魚禾)라고 한다."고 적혀 있다. 이 생선이 도다리인지 문치가자미인지는 알 수 없다. 『자산어보』에서는 가자미류를 '소접'이라 했다. 접(鰈)이라고 한 것은 그 모양새가 나비(蝶)를 닮았다고 생각했기 때문이다.

도다리나 넙치 등 가지미류는, 치어일 때는 눈이 양쪽에 제대로 있지만, 자라면서 몸 한쪽을 바닥에 붙이고 다녀 눈이 한쪽으로 나란히 몰린다. 넙치와 도다리는 생김새가 비슷해 '좌광우도'로 기억했다. 머리를 앞에 두고 왼쪽에 눈이 있으면 광어(넙치), 오른쪽에 있으면 도다리로 구분했기 때문이다. 하지만 강도다리는 눈이 왼쪽에 있는 경우도 있다. 더불어 넙치는 지렁이, 조개 등을 잡아먹기 위해 자라면서 이빨이 제법 날카로워진다.

이수광은 『지봉유설』에 가자미를 비목어(比目魚)로 적었다. 비목어의 생김새에 빗대 나머지 반쪽 눈을 찾아다니다 상대를 만나면 언제까지나 행복하게 살아간다는 이야기이다. 그래서 비목어는 잠시도 떨어져 살 수 없는 부부 사이를 뜻하기도 한다.

동백꽃이 피고 질 무렵 남해의 작은 섬에서는 쑥이 올라온다. 이 무렵 물메기잡이를 마친 어머니들은 양지바른 곳에서 쑥을 뜯는다.

통영 중앙시장의 할머니가 펼쳐 놓은 좌판에 쑥이 올라왔다. 이외에도 파래, 햇미늘, 방풍, 달래가 가득하다. 맨 앞줄에 쑥이 두 바구니나 자리를 잡은 것은 도다리쑥국 때문이다.

남해의 봄날은 도다리쑥국으로 시작된다

가자미는 넙치처럼 살이 희고 식감이 쫄깃하다. 우리나라 사람들이 좋아하는 회의 조건을 모두 갖추고 있어 횟집 메뉴의 머리를 장식한다. 그러나 정작 요리로는 가자미회보다는 국, 조림, 구이, 식해 등이 익숙하다. 국을 대표하는 것이 바로 도다리쑥국이다. 겨우내 파래, 매생이, 감태에 의존하던 바닷사람들의 봄철 입맛을 돋우는 음식으로 그만이었다. 봄철 입맛을 돋우는 쑥과 이 무렵 남해에서 많이 잡히는 도다리의 궁합은 관광객들의 입맛도 사로잡았다.

도다리쑥국은 진한 생선국물 맛이 아니라 담백한 쑥 맛이 강하다. 따라서 강한 양념을 하지 않는다. 도다리 내장과 지느러미를 제거하고 쑥을 씻어 준비해 둔다. 가능하면 재배한 쑥보다 시장 골목에서 할머니들이 직접 캐서 파는 해쑥을 이용하는 것이 좋다. 쌀뜨물, 무, 된장 등을 넣어 국물을 만든 후 도다리를 넣고 끓인다. 도다리가 다 익으면 대파와 고추 등을 넣고 다시 팔팔 끓인 후 마지막으로 쑥을 얹은 다음 한소끔 더 끓이면 된다. 너무 끓이면 쑥 향이 사라지기 때문에 쑥의 숨이 죽을 정도에 먹는 것이 좋다.

좋은 도다리는 몸에 윤기와 탄력이 있어야 하며, 냄새가 나지 않아야 한다. 봄에 작은 도다리를 사다가 머리를 제거하고 내장을 꺼낸 후, 용기에 담아 냉동 보관해 두면 오래 두고 먹을 수 있다.

삼천포에서는 도다리쑥국과 함께 '황칠이쑥국'도 인기다. 황칠이는 삼세기라는 못생긴 바닷고기를 말하는데 보통 삼식이라 부른다. 또 남해에서는 봄철에 물메기나 조개에 쑥을 넣어서 국을 끓여 먹기도 한다. 즉 도다리, 삼세기, 물메기, 조개는 조연이고, 쑥이 주연인 셈이다. 예부터 쑥은 구황식물이었고, 강한 생명력의 상징이기도 했다. 하물며 바닷가에서 자라는 쑥은 해풍을 맞으며 언 땅을 비집고 가장 먼저 올라오는 봄나물이니 그 자체로 얼마나 좋은 약일까.

도다리찜

도다리는 무와도 잘 어울린다. 그래서 무국을 끓일 때나 가자미식해를 만들 때 넣으면 좋다. 가자미식해는 함경도 지방의 향토음식 중 하나였다. 한국전쟁으로 실향민들이 동해안에 정착해 만들어 먹으면서 속초, 강릉, 동해, 삼척 일대의 음식으로 자리를 잡았다. 이들 해안에서는 머리와 내장이 제거된, 잘 손질한 가자미를 줄 맞춰 건조대 위에 올려서 말리는 모습을 볼 수 있다. 가자미식해를 만들려면 반쯤 말린 가자미를 손가락 2~3개 너비로 썰어서 말린다. 조밥을 찰지지 않게 해 두고, 무도 가자미 크기로 자른 뒤 소금에 절여 물기를 제거한

속초의 어시장을 두리번거리다 가자미식해를 만났다. 함경도 실향민들이 내려와 정착하면서 만들어 먹었던 음식이다. 생태나 도루묵으로도 만들었다.

다. 가자미, 다진 마늘, 고춧가루, 엿기름가루를 넣고 잘 섞는다. 여기에 무와 식은 조밥을 넣어 잘 버무린 후 파를 넣어 마무리 한 후 항아리에 담아 삭힌다.

조기

구수산 철쭉은 피었건만

조기는 사람의 기운을 돋우는 생선이라 해서 조기(助氣)라고 했다. 조기 요리 중에서 단연 으뜸은 굴비다. 예로부터 칠산바다에서 잡은 조기를 영광의 백수나 염산에서 만든 갯벌천일염으로 염장해서 갯바람에 말린 법성포굴비를 최고로 쳤다. 최성기에는 흑산도 예리와 법성포 목냉기에 파시까지 형성되었으나, 요즘은 칠산바다에서 조기가 잡히지 않아 가거도, 추자도 일대에서 잡은 것으로 굴비를 만든다. 음력 3월의 조기가 가장 맛있다고 하지만, 서식환경과 수온이 변한 오늘날에는 그 철을 가늠키도 어렵다.

몇 년 전 늦가을, 신안군 흑산면 대둔도에서 있었던 일이다. 수리마을에서 언덕을 넘어 오리마을까지 다녀오니 날이 저물었다. 선창 입구에서 마음씨 좋은 주민을 만나 밥상에 마주앉게 되었다. 그의 아내가 밥 한 공기와 함께 조기 두 마리가 반쯤 잠겨 있는 국을 내왔다. 파

조기간국. 흑산도나 목포 일대에서 말린 조기를 넣고 소금 간만해서 국을 끓여 먹던 음식이다. 동치미처럼 시원한 국물이 생각나면 흑산도 사람들은 간국을 끓였다. 반찬이 없을 때도 간국하면 걱정이 없었다.

도, 마늘도, 고춧가루도 없는 맑은 국물이었다. 처음에는 저것을 국이라고 끓였나 생각했다.

"우리는 간국 없으면 밥이 안 넘가라. 간국 하나면 밥 먹는 데 지장이 없응께." 반찬이 없다는 것을 에둘러 말하는 것이리라 생각하며, 국물을 떠서 맛을 보았다. 말린 조기만 넣고 끓여 간만

서해에서 조기가 사라졌다. 덩달아서 노 젓는 소리, 그물 넣는 소리, 그물 올리는 소리, 조기 푸는 소리, 만선의 풍장소리도 사라졌다. 당집은 무너지고 풍어굿은 무대로 옮겨졌다. (사진 출처: 『사진으로 보는 신안군 40년사』)

맞췄다는데, 그 깊은 맛이란! 내 입맛을 의심했다. 갖은 양념은 고사하고 마늘과 파도 구하기 힘들었던 외딴 섬에서 밥을 먹기 위해 만들었던 음식이다. 봄바람을 타고 흑산도 근해로 올라온 조기를 잡아 해풍에 말렸더니, 겨울철 끼니를 이어 주는 근사한 요리가 된 것이다.

생선이 아니라 하나의 문화가 사라졌다

조기는 농어목 민어과에 속하는 어류다. 그 종류가 자그마치 180여 종에 이르며, 우리나라 연해에서는 참조기, 보구치, 수조기, 부세 등 10여 종이 서식한다. 이 중 굴비를 만드는 참조기는 몸이 두툼하고 길이가 짧으며, 몸통 가운데 옆줄이 선명하다. 또 배는 황금색이며 꼬리는 부채꼴이다.

『세종실록지리지』의 「나주목 영광군」편에는 "석수어(石首魚)는 군의 서쪽 파시평(波市坪)에서 난다. 봄, 여름 사이에 여러 곳의 어선이 모두 이곳에 모여 그물로 잡는데, 그 세금을 받아서 국용에 이바지한다."고 나온다. '석수어'는 머리에 '이석'이라 부르는 돌이 있는 조기를 말한다. 이 돌은 몸의 균형을 잡아 주며, 이것으로 나무의 나이테처럼 조기의 나이를 가늠할 수도 있다. '파시평'은 칠산바다를 이른다. 「해주목」편에도 장소만 연평평(延平坪)이라고 바뀔 뿐 같은 내용이 소개되었다. 영광과 해주는 당시 조기의 주산지였다.

추자도 남쪽에서 겨우살이를 한 조기들은 청명일 무렵 흑산도 근해를 거쳐 갯골을 따라 칠산바다에 이른다. 그 무렵 법성포가 내려다보이는 구수산에는 진달래가 지고 철쭉이 붉게 피어오른다. 목냉기 술집 초막에 분 냄새를 풍기며 술과 웃음으로 뱃사람을 유혹하는 아가씨들까지 자리를 잡으면 본격적인 조기잡이가 시작된다. 태안 황도리 당집에서 기 내림으로 받은 깃발을 이물에 꽂은 선주들도, 위도 대리마을 원당에서 기 내림을 받은 선주들도 모두 칠산바다로 향했다. 50여 년 전 돈 실러 간다는 칠산바다의 조기잡이는 이렇게 시작되었다.

칠산바다 가운데 있는 송이도라는 섬에서 조기를 잡던 한 노인은 철쭉이 필 무렵 참조기 떼들이 몰려오면 바다에서 개구리 울음소리가 들린다고 했다. 대통을 바다에 넣어 그 소리를 듣고 길목에 그물을 치면 조기가 그물에 가득 들어 하얗게 둥둥 떴다고

연평도 안목 어장에서 주민들이 그물을 쳐 고기를 잡고 있다.
이곳은 임경업 장군이 중국으로 가던 길에 엄나무를 꽂아서 조기를 잡아 굶주린 군인들의 사기를 높였다는 곳이다.

했다. 외지 사람들이 아무리 큰 배를 가지고 와도 바다 속을 훤하게 들여다보는 섬 주민들을 당해 내지 못했다.

일제강점기에는 칠산탄, 고군산군도, 녹도, 연평도, 용호도 등에 조기 어장이 형성되었다. 춘삼월에 서해로 북상하기 시작한 조기는 칠산바다를 지나 오뉴월이면 해주와 진남포 앞까지 올라갔다. 흑산도 예리, 법성포 목냉기, 위도 치도리, 충청도 녹도, 연평도 선창에 희미하게 그 흔적들이 남아 있다. 이를 두고 조기 파시라 했다.

조기잡이 배가 바람에 의존하는 풍선배에서 동력선으로 바뀌면서 조기잡이 어장은 서해안 전역이 하나의 어장권으로 바뀌었다. 황해도에서 활동하던 무녀의 세력권도 경기도와 충청도까지 확대되었다. 황해도의 조기잡이 어업 기술과 어로 문화가 자연스럽게 서해로 전파되었다. 임경업 장군이 충청도 일대의 마을신*으로 모셔진 것이나, 풍어를 기원하거나 만선으로 돌아오면서 흥겹게 부르는 황해도의 '배치기소리'가 서해 전역으로 확대된 것이 이를 방증한다.

*조기잡이가 활발했던 경기도와 충청도 일대의 어촌에는 임경업 장군을 마을신으로 모신 곳이 많다. 조선 인조 때 청나라를 치기 위해 중국으로 가던 임 장군은 연평도 물골에서 가시가 있는 엄나무로 조기를 잡아 병사들의 주린 배를 채웠다고 한다. 그 뒤 연평도를 비롯한 황해도 일대에서는 임 장군을 '조기잡이의 신'이라 부르며 마을신으로 모셨다. 임 장군이 최초로 조기를 잡았다고 전하는 곳이 연평도 당섬과 모니섬 사이의 안목이다. 지금도 그곳에는 10여 명의 주민들이 주목망으로 고기를 잡고 있다.

전북 고창군 해리면 동호마을에서 조기를 말리는 모습(사진 제공: 고창군 박경숙 소장)

아직도 노 젓는 소리와 조기 울음소리를 기억하는 칠산바다는 알밴 황금조기를 기다린다.

부안 계화도에서 만난 한 노인은 봄이면 조기들이 갯골로 몰려와 줍기만 해도 한 동이가 되었다고 했다. 그 많던 조기들이 계화도 간척 이후 사라졌다. 이어서 천수만, 영산강과 금강 일대의 갯벌이 간척되었고, 물길이 막혔다. 조기가 칠산바다에서 사라진 것도 그 무렵이었다.

지금은 가거도나 추자도, 심지어 동중국해에서 월동하는 조기까지 쫓아가 잡는다. 그래서 제대로 크지도 않은 조기가 알을 밴채로 잡힌다. 더 자라지 못하고 종족 보전을 위해 산란을 해야 할운명에 처한 것이다. 동해를 대표했던 명태가 사라졌듯 서해를 대표하는 조기도 사라졌다. 그리고 동시에 조기가 영향을 미친소리, 굿, 어업, 산업 등 지역의 문화도 사라졌다.

칠산바다, 갯바람, 천일염이 만든 법성포굴비

조기는 청명과 입하 사이인 음력 3월 중순 곡우에 잡힌 것을

찬바람이 부는 가을밤이면 추자도, 가거도, 목포 선창에서는 불을
밝히고 조기 떼는 모습을 볼 수 있다.(위 추자도, 아래 목포)

© 송기태

불에 구우면 좋은 반찬이 되고 爛炙知佳餐

탕으로 끓여도 맛이 좋아라 濃湯作美鮮

그 모습은 비록 크지 않지만 形容雖不碩

쓰임새는 한두 곳이 아니라오 爲物用無偏

가장 좋은 건 굴비로 말리면 最憐乾曝後

밥반찬으로 으뜸이라네 當食必登先

지금도 명절이면 으레 영광 굴비 선물세트가 인기다. 예나 지금이나 굴비는 인기 있는 음식이며 귀한 생선임에 틀림없다.

법성포에는 건조굴비만 아니라 독 속에 오가재비와 겉보리를 넣어 만든 통보리굴비, 쌀고추장에 통째로 박아 두었다 찢어 먹는 고추장굴비도 있다. 보리가 조기를 건조시키면서 기름기는 빠져나가지 못하게 막는 역할을 하기 때문에 오래 보관할 수 있었다.

전통굴비 가공 과정은 염장과 건조로 나뉜다. 칠산바다에서 곡우사리 때 잡은 조기와 천일염을 번갈아 가면서 쌓아 두고 가마니로 덮었다. 이를 '섶간'이라 했다. 그렇게 며칠을 두면 조기 내장까지 소금이 배어든다. 이때 꺼내 찬물에 헹궈서 열 마리씩 엮어 걸대에서 두세 달씩 말렸다. 요즘은 부드러운 것을 좋아하는 사람들 입맛에 따라 굴비 가공방식도 약간 달라졌다. 소금물에 담근 후 조기가 꾸덕꾸덕해지면 냉장 보관하는 '간조기'로 바뀌었다.

그래도 옛날 맛을 기억하는 사람들은 찌거나 삶아서 쭉쭉 찢어 찬물에 밥을 말아 얹어 먹는 굴비를 찾는다. 한정식 집에서 내놓

법성포굴비. 최근에는 추자도에서도 직접 굴비를 가공한다.

작아도 제 몫은 다한다. 조기가 떠난 서해의 구석진 자리를 꿰차고 조림, 탕, 젓갈, 튀김 등
갖가지 요리를 책임진다. 그래서 오뉴월이 되면 남도에서는 강달이를 찾는다.

한다. 지역에 따라 황세기(아산), 황새기(서산, 군산), 깡치(서산, 영광), 황숭어(법성포), 황실이(목포), 깡다리(신안) 등으로 불린다. 손암 정약전은 『자산어보』에 조기, 보구치, 반애, 황석어 등을 모두 조기로 분류했다. 간혹 조기 새끼를 강달이의 한 종인 황강달이로 헷갈리기도 했다. 차이라면 조기 새끼에 비해 강달이는 머리가 크고 머리에 돌기가 있다. 모양새가 꼭 조기 새끼를 닮아 연구자들도 헷갈렸던 어류다. 손암은 더불어 "추수어의 가장 작은 것을 황석어라 하는데, 길이가 4~5촌이며 꼬리가 매우 뾰족하고, 맛이 아주 좋으며, 가끔 그물에 들어온다."고 했다.

강달이 종류를 보면, 배가 황금색을 띤 황강달이, 눈이 큰 눈강달이, 민강달이 등이 알려져 있다. 강달이는 크기 15~20㎝이며 오뉴월에 산란한다. 좋아하는 먹이는 젓새우, 게 등 갑각류다.

서해를 휩쓸었던 조기 파시가 시들해질 무렵, 전남 신안의 비금도와 자은도 그리고 임자도 앞바다에는 어김없이 강달이가 찾아들었다. 자연스레 자은도 사월포, 비금도 원평, 임자도 전장포 등의 항구와 포구마다 주막이 들어섰고, 아가씨들의 웃음소리가 갯바람에 흔들렸다. 특히 원평항은 일제강점기부터 강달이 파시로 유명했던 포구다.

어장철이면 모래밭에 술집이 자그마치 50여개나 들어섰고, 뱃사람들은 여기서 향수를 달래며 회포를 풀었다. 어떤 이는 귀향을 포기하고 번 돈을 탕진하기도 했다. 모처럼 만선으로 돈을 만진 섬사람들도 기웃거렸다. 원평 파시는 기계배가 등장하고 흑산도로 연결되는 뱃길이 만들어지면서 송치 파시로 이어졌다. 송치는

강달이는 그물로 잡아서 하나씩 손으로 추려 갈무리를 해야 한다.
그물에는 새우, 병어, 밴댕이 등이 함께 걸리기 때문이다.

도초도와 마주보고 있는 비금도 어촌마을로, 흑산도행 쾌속선의 기항지다. 지금도 비금도 연안에서는 강달이가 심심찮게 잡힌다.

강화도 주변 바다에서도 강달이가 많이 잡힌다. 외포항에서는 소금에 묻힌 황석어(강달이)젓을 쉽게 볼 수 있다. 『신증동국여지 승람』에 보면 경기도 수원도호부, 남양도호부, 인천도호부, 안산 군, 강화도호부의 토산물로 황석수어가 포함되어 있다. 이곳들은 오늘날 강화, 김포, 시흥, 안산, 평택 일대의 경기만을 말하며, 황석수어는 황석어를 뜻하는 것으로 보인다. 허균의 『성소부부 고』에도 황석어가 등장한다. 그는 "서해에 모두 있으나 아산 것이 아주 좋으며, 지지면 비린내가 나지 않는다."고 했다.

오뉴월이면 강달이는
고향을 떠나 서울로 간다

임자도의 전장포에 정박한 배 위에서 어부들이 강달이 손질로 부산했다. 아침 일찍 털기 시작한 그물에 강달이가 가득했다. 손 질이 끝난 강달이는 얼음과 함께 상자에 담겨 택배 차에 실렸다. 택배 기사가 서울로 올라갈 물건이라고 귀띔해 줬다. 서울 사람 들도 강달이 맛을 안 것일까. 다른 쪽에서는 소금과 버무려 젓갈 통에 담느라 바쁘다.

전장포는 새우젓으로 유명한 신안군 임자도의 북쪽에 있는 포 구다. 북쪽으로 낙월도와 송이도 그리고 위도까지 이어지는 칠 산바다의 출발점이다. 조기잡이로 파시가 형성되었다는 그 바다로, 이후에는 젓새우잡이로도 이름을 알렸다. 한때 새우 파시가 설 정도로 번성했던 포구는 새우를 잡는 명텅구리배가 사라지면서 크게 쇠퇴했다. 선주들은 배를 처분했고, 선원들은 마을을 떠났다. 그 이후 한동안 빈집이 늘었지만 이제는 다행히 안정된 분위기다. 새우처럼 유명하지는 않지만 강달이 어장도 형성되어 있다. 지금은 배 50척이 여전히 주 소득원인 새우와 강달이, 갑오징어, 병어를 잡는다.

포구에서는 매년 봄이면 강달이축제가 열린다. 축제에 맞춰 포구에 들어서자 축제용 천막들이 가득했다. 천막 안에서는 막 잡아 온 강달이를 손질해 전분과 밀가루를 묻혀 튀김을 만들고 있었다. 한 입 베어 물었다. 아삭하게 씹히면서 고소한 살이 혀에 닿았다. 장옥에는 막 잡아온 강달이를 소금과 버무려 젓갈 통에 담고 있었다. 임자도의 오뉴월은 대파 심기, 모내기, 염전일, 어장일 등으로 고양이 손이라도 빌려야 할 만큼 바쁘다. 그래서 아

강달이 파시가 섰다는 원평항(신안군 비금면)에는 옛날의 영화는 사라졌지만 지금도 강달이젓을 담는 어부의 손길은 부산하다.

씨알이 굵고 상처가 없는 온전한 강달이는 찌개나 찜용으로 쓰기 위해 햇볕에 말리고, 상처가 있거나 씨알이 작은 녀석은 젓갈용으로 쓴다. 조선시대에 강달이젓은 신분이 높은 사람이 먹는 귀한 음식이었다.

무래도 축제의 난장은 해가 지고 난 뒤에나 벌어질 것 같다.

점심 무렵, 포구에 갑자기 한 무리의 군중이 모여들었다. 임자도 출향인사들이었다. 축제시기에 맞춰 고향을 방문한 것이다. 하긴 이때가 그들에게는 어머니의 손맛을 느낄 수 있는 좋은 기회겠다. 출향인사들이 주문한 강달이는 얼음에 묻혀 서울로 곧바로 올라갔다. 『난호어목지』에도 강달이는 "소금에 절여 젓갈로 만들며, 서울로 북송되어 신분이 높은 사람의 진귀하고 맛있는 음식이 된다."고 했다. 지금처럼 말이다.

조기도 부럽지 않은 맛

강달이의 가장 큰 매력은 저렴하다는 점이다. 도매시장에서 한 상자에 2만 원이면 살 수 있다. 양도 엄청나다. 강달이를 살 때는 음력 보름이나 그믐 무렵에 어시장에 가는 것이 좋다. 그때가 물이 좋고 값도 특히 싸다. 싱싱한 것은 찌개로 만들거나 젓갈을 담는다. 남은 것은 직접 말리면 좋은데, 문제는 바닷가에 살지 않을 경우 쉽게 상하기 때문에 말리기가 어렵다는 것이다. 하지만 말려서 팔기도 하므로 걱정할 필요는 없다. 마른 강달이를 구입할 때는 깡마른 것보다는 80% 정도 마른 것이 좋다. 이런 강달이는 조림이나 볶음용으로 괜찮다.

강달이를 가장 맛있게 먹는 방법은 조림이다. 오뉴월이면 목포나 신안에서 계절음식으로 내놓는 인기 메뉴다. 고사리를 밑에 깔고 강달이를 올린 다음 자작자작하게 물을 붓고 조린다. 오뉴

강달이는 조기에 비해 작고 볼품없지만, 쓰임새나 맛은 조기를 능가한다.

월 강달이는 알이 있고 살이 쪄서 통통하다. 깨끗하게 씻은 다음 머리와 꼬리를 떼어 낸다(생것도 좋지만 여기서는 말린 강달이를 사용했다. 생것은 통째로 넣고, 마른 것은 머리를 떼어 내고 넣는 게 좋다). 양파나 고구마를 납작하게 썰어 팬 바닥에 깔고 강달이를 올린다. 그 위에 다진 마늘, 파, 고춧가루, 간장, 된장, 매실액을 넣는다. 간은 간장으로 맞춘다. 다시 물을 자작하게 붓고 한소끔 끓인다.

젓갈은 강달이가 많이 잡히는 5월 말에서 6월 초에 담근 것이 좋다. 싱싱한 강달이를 소금물에 담가 비늘과 내장을 제거하고 깨끗하게 손질한 후 물기를 빼야 한다. 그리고 아가미와 입에 소금을 가득 넣는다. 항아리 바닥에 소금을 깔고 강달이와 소금을 번갈아 가며 1대 1로 켜켜이 담다가, 맨 위에는 강달이가 보이지 않을 정도로 소금을 듬뿍 덮는다. 소금물을 끓인 후 식혀서 항아리에 부은 다음 무거운 돌로 누른다. 입구를 봉한 후 볕이 들지 않는 서늘한 곳에서 3개월 이상 삭힌다. 보통 가을부터 먹기 시작한다. 멸치젓 대신에 맑게 끓여 체에 밭쳐 김장할 때 사용하기도 한다. 또 서해에서는 김장할 때 김치가 시원해지라고 김치 속에 생조기를 묻어 두기도 하는데, 이때 강달이젓을 쓰기도 한다.

강달이튀김은 또 어떤가. 임자도 강달이축제에서 처음 먹어 본 강달이튀김은 이제껏 내가 먹어 본 생선 튀김 중에서 으뜸이었다. 통째로 튀겨 씹히는 맛이 특히 좋았다. 게다가 강달이 자체가 짭짤하기 때문에 술안주로도 제격이다. 『증보산림경제』를 보면 강달이는 구이와 탕으로도 많이 이용했다고 나온다.

말려서 냉장 보관해 둔 강달이는 두고두고 먹을 수 있다. 조기에 비하면 크기가 형편없이 작고 볼품없지만, 그 쓰임새와 맛은 조기를 능가한다. 남쪽 바닷가 사람들의 오뉴월 밥상을 책임지는 생선이다.

생강달이로 만든 조림은 조기조림보다 국물맛이 더 진하고 살은 더 부드럽다. 막 올라온 고사리를 깔고 조려도 좋고, 감자를 넣고 조려도 좋다. 아니면 강달이만 넣어도 괜찮다.

강달이는 뼈가 부드럽고 크기가 작아서 통째로 튀겨서 먹어도 부담스럽지 않다.

황석어젓으로 알려진 강달이젓이다. 삭힐수록 진국이 우러나며 그 자체로 양념을 해서 먹기도 하고, 김치를 담그나 요리를 할 때 조미료로도 사용할 수 있다.

강달이를 말려서 잘 보관한 다음 적당량을 물에 불린 후 양념을 올려서 찐 것이다. 작지만 조기나 부서처럼 찢어 먹을 수 있다.

4대강 사업으로 서식처가 사라지고, 하굿둑이 만들어져 오갈 수 없는 하천이 생긴 와중에도
한 번도 가보지 않은 길을 안내자도 없이 무려 3,000㎞를 여행하는 방랑자가 존경스럽다.

뱀장어
강과 바다에 걸친 신비

뱀장어는 태평양 깊은 바다에서 태어나 강으로 와 자라고, 산란할 무렵이면 다시 고향인 바다로 돌아간다. 뱀장어 산란에 관해서는 아직 베일에 싸인 부분이 많다. 우리가 먹는 뱀장어는 바다에서 올라와 '바람이 부는 하천'인 풍천에 이른 실뱀장어를 잡아 양만장(養鰻場)에서 양식한 것이다. 양식이어도 "맛은 달콤하고 짙으며 사람에게 이롭다."는 사실은 예나 지금이나 변함이 없다.

계량에 봄이 들면 뱀장어 물때 좋아 桂浪春水足鰻鱺

그를 잡으러 활배가 푸른 물결을 헤쳐 간다 樺取弓船漾碧漪

높새바람 불면 일제히 나갔다가 高鳥風高齊出港

마파람 세게 불면 그때가 올 때라네 馬兒風緊足歸時

다산이 유배지 탐진(현 강진)에서 어민들의 삶을 표현한 시 「탐진어가」의 일부다. 탐진강은 영암군 금정면과 장흥 유치면 사이 국사봉에서 발원해 장흥군과 강진군을 지나 남해로 흐른다. 그 강에서는 지금도 간간이 자연산 뱀장어가 잡히고, 그 장어로 요리하는 식당이 대를 잇고 있다. 같은 시기 흑산도에 유배된 다산의 형 손암도 『자산어보』에 "모양은 뱀을 닮고 빛깔은 거무스름하며, 뭍에서도 뱀처럼 잘 다닌다. 맛은 달콤하고 짙으며 사람에게 이롭다. 오랫동안 설사하는 사람은 이것으로 죽을 끓여 먹으면 낫는다."라며 뱀장어를 소개했다.

불가사의한 뱀장어의 여행

강에서 충분히 자란 뱀장어는 반년에 걸쳐 태평양 깊은 바다까지 아무것도 먹지 않고 이동한다. 그리고 알을 낳고 최후를 맞는다. 연어와 반대로 바다에서 산란하고, 강에서 자란다. 부화한 새끼는 아주 작은 댓잎 모

2014년 4월 충남 난지도 앞 바다에서 잡은 실뱀장어. 태평양에서 태어난 댓잎뱀장어는 1년을 이동해 서해 연안에 이르고 실뱀장어로 자란다.

양이다. 그래서 '댓잎뱀장어'라고도 부른다. 이 뱀장어는 1년에 걸쳐 약 3,000㎞를 이동해 어머니가 머물렀던 강으로 여행을 떠난다. 한 번도 가본 적 없고, 안내자도 없는 여행길이다.

강어귀에 이르면 손가락 정도 길이로 자라 '실뱀장어'로 변한다. 이 비밀이 밝혀진 것도 불과 10여 년 밖에 되지 않았다. 그래서 지금까지 뱀장어가 산란하는 것을 본 사람은 없다. 아리스토텔레스는 장어와 뱀이 사랑을 나누어 새끼를 낳는 것이 뱀장어라 했다. 또 중국 문헌 『조벽공잡록』에는 "가물치에게 그림자를 비추면 그 새끼가 가물치의 지느러미에 붙어서 태어난다."는 허무맹랑한 이야기까지 전해 온다.

그렇다면 민물에 살던 뱀장어가 어떻게 바다에 적응해 긴 여행을 할 수 있는 것일까. 뱀장어는 생리적으로 체액 농도를 조절하

는 능력이 있다. 뱀장어의 체액은 바닷물 농도보다 묽어 바다에서는 아가미나 피부를 통해 몸속의 물이 밖으로 빠져나간다. 더불어 바다에서는 신장의 기능이 약해지고, 소금기를 제거하는 염세포 수가 크게 늘어난다.

민물에서 5~12년 자란 뱀장어(그래서 민물장어라고도 한다)는 바다로 가기 위해 하구에서 두세 달을 머문다. 그 사이에 뱀장어의 색깔은 누런색에서 은색으로 바뀐다. 경쟁에서 살아남기 위해 강으로 오면서 바꾼 색깔을 바다로 갈 때는 다시 제 색깔로 바꾸는 것이다.

높새바람과 마파람이 부는 하천에서 살다

장어 집 간판을 보면 한결같이 '풍천'이라는 단어가 쓰여 있다. 풍천이란 '바람이 부는 하천'이라는 뜻으로, 강바람과 바닷바람이 교차하는 강어귀를 가리킨다. 그래서 '풍천'을 강물과 바닷물이 만나는 하구 혹은 기수역이라고도 한다. 뱀장어가 서식하는 탐진강, 영산강, 금강, 인천강, 동진강, 만경강, 한강, 임진강 등이 그런 곳이다. 풍천장어란 즉 이런 강어귀에 뱀장어가 서식하기 때문에 붙여진 이름이다. 「탐진어가」에서처럼 높새바람과 마파람이 부는 탐진강 어귀 역시 곧 '풍천'이며, 대를 이어 장어 집을 운영하는 영산강 구진포, 고창 인천강(선운사 입구), 익산 목천포도 마찬가지다.

우리가 즐겨 먹는 뱀장어는 풍천에서 잡은 실뱀장어를 양만장

댐에 막혀 어머니의 고향에 발도 딛지 못하는 것에 비하면 그곳에 이르러 그물에 갇혀 양식장으로 가는 것이 더 나을까. 바람 부는 하천에 물샐 틈 없이 그물을 치고 식탐을 하는 데 동조하는 인간이라는 사실이 서글프다.

에서 키운 것이다. 옛날에 실뱀장어가 많이 잡힌 곳은 영산강 하구, 금강 하구, 동진강과 만경강 하구였다. 하지만 현재 이 강들은 모두 막혀 대신 신안의 섬과 섬 사이, 고흥, 보성, 함평, 영광 등 작은 지천이 흘러드는 해안이나 섬 주변에서 뱀장어가 잡힌다. 우리나라 실뱀장어의 절반이 전라남도에서 잡히는 셈이다.

다른 곳에서 실뱀장어 어획량이 줄어든 결정적인 원인은 댐이다. 어린 실뱀장어가 기어서 올라가야 할 물길에 대형 댐이 만들어졌다. 임시방편으로 만들어 놓은 어도는 숭어나 연어 정도는 되어야 뛰어서 올라갈 수 있다. 그런데 정작 연어는 서해보다는 동해안으로 회유하니, 서해에 만들어진 어도는 대체 누구를 위한 것인지 알 수가 없다. 설령 강으로 올라온 뱀장어가 있다고 해도 다 자란 뒤 댐을 넘어 다시 바다로 나갈 길이 만만치 않다.

긴 여행 끝에 실뱀장어를 기다리는 것은 물샐 틈 없이 쳐진 그물뿐이다. 운 좋게 그물을 뚫고 강과 바다가 만나는 하구에 이르러도 거대한 댐을 넘어야만 장어로 자랄 수 있다. 그렇게 수년을 보내야 산란을 할 수 있다.

댐 못지않게 뱀장어 어획량을 줄인 것은 남획이다. 실뱀장어가 출몰하는 곳에는 모기장으로 만든 물샐 틈도 없는 그물이 펼쳐져 있다. 옛날에는 돌을 쌓아 강으로 드는 장어를 잡거나 장어 작살로 펄에 숨어 있는 장어를 갈퀴질하듯 훑어서 잡았다. 영산강 하구 명천마을에서도, 강진의 도암만에서도, 일본 규슈의 아리아케카이(有明海, アリアケカイ)에서도 작살로 장어를 잡는 것을 본 적이 있다. 아리아케카이 부근 지역은 장어 요리로 유명하다.

우리나라뿐 아니라 일본, 중국, 대만, 홍콩 등 장어 요리를 좋아하는 나라는 모두 실뱀장어를 잡기 위해 경쟁한다. 우리나라를 제외한 다른 나라는 우리보다 남쪽에서 11월이나 12월부터 뱀장어를 잡고, 우리는 봄에 강으로 회귀하는 실뱀장어를 잡는다.

오염 또한 뱀장어 어획량에 영향을 미쳤다. 해양오염은 물론 강물도 생활폐수로 심하게 오염돼 댐으로 막히지 않은 하천도 뱀장어가 살 수 없는 환경으로 변하고 있다. 여기에는 기후변화도 어느 정도 영향을 미치는데, 이 문제는 지구적인 대응이 필요해 보인다.

어떻게 먹어도 맛있지만,
비만이나 고지혈증인 사람은 피할 것

장어는 구이, 튀김, 탕, 찜, 백숙, 덮밥 등 다양한 요리로 먹는다. 이 중에서 가장 익숙한 요리법은 구이일 것이다. 굵은 천일염을 뿌려 구운 소금구이, 된장을 발라 구운 된장구이, 고추장을 바

양념구이와 소금구이

소금구이

른 고추장구이, 갖은 양념장을 만들어 바른 양념구이는 물론 복분자구이까지 있다. 뱀장어 특유의 비린 맛을 제거하기 위해 장어 소스를 만들 때 생강이나 후추, 청주 등을 사용한다. 또 장어구이를 먹을 때 식초에 발효시킨 양파나 생강 혹은 깻잎을 곁들여 먹으면 맛이 더욱 깔끔하다.

일반적인 장어구이가 어른들이 좋아하는 요리라면, 아이들 입맛에는 장어를 팬이나 오븐에 구워 소스, 야채와 곁들이거나 장어 살에 튀김용 가루를 발라 바삭하게 튀겨 내면 알맞다.

장어는 억세서 요리를 하려면 뼈를 발라내야 한다. 먼저 등에 칼집을 넣어 내장과 뼈를 발라내고 머리를 자른다. 발라낸 살은 물로 깨끗이 씻어 밀가루를 듬뿍 넣고 바락바락 문질러 점액질을 제거한다. 마지막으로 흐르는 물에 씻어 낸 다음 물기를 제거한다. 손이 많이 가는 작업이어서인지 요즘에는 장어를 주문하면 손질해서 보내 주기도 한다.

장어조림은 구이와 달리 장어에 스며든 양념 맛이 중요하다.

장어탕수제비   된장구이와 복분자구이

양념장은 간장, 고추장, 청주, 매실, 설탕, 다진 마늘, 으깬 생강,
참기름, 후추 등을 넣어 만든다. 손질이 잘 된 장어를 반으로 잘
라 노릇노릇하게 구운 다음, 먹기 좋은 크기로 잘라 양념장을 넣
고 조린다.

뱀장어가 많이 올라왔다는 고창 선운사 입구 하천이다. 주변에는 풍천장어 집이 즐비하다.
고창은 복분자를 많이 재배하고, 양만장에서 뱀장어를 양식해 복분자술과 장어구이를 상품화했다.

213

장어탕은 된장과 잘 어울린다. 발라낸 뼈와 머리를 소금물로 잘 씻은 다음 된장을 넣고 삶는다. 다 삶아지면 살짝 건져 뼈를 제거한 후 마늘을 넣고 다시 삶는다. 이때 간은 국간장으로 맞춘다. 팔팔 끓기 시작하면 시래기를 넣고 더 끓인다. 시래기에 미리 양념을 해 두면 더욱 맛있다. 만드는 사람에 따라 장어를 통째로 넣어 끓이기도 한다. 장어육수에 밥을 넣고 끓이는 장어죽이나 쌀을 넣고 만든 장어백숙도 권할 만하다.

좋은 장어는 미끈하고 눈이 투명하며, 등은 회흑색이나 갈색이다. 장어는 지방 함량이 매우 높기 때문에 비만이나 고지혈증이 있는 사람은 섭취량을 조절해야 한다. 또 장어를 먹은 후 복숭아를 먹는 것을 삼가야 한다. 서로 상극이라 설사를 할 수 있기 때문이다.

자리회 다섯 번이면 보약이 필요 없다

자리는 제주 사람들이 보릿고개를 넘기는 데 긴요한 역할을 했다. 자리젓, 자리구이, 자리무침 등 다양한 방법으로 요리해 먹지만, 그중에서도 가장 맛있는 것은 단연 자리회다. 제주의 선원들과 잠녀들은 간편하게 채소와 된장만 챙겨 자리물회를 만들어 먹으며 고된 바다 일의 피로를 풀었다. 뿐만 아니라 자리에는 지방, 단백질, 아미노산, 칼슘이 많아 제주 사람들의 영양 보충에도 큰 도움이 된다. 자리 덕분에 오뉴월 제주는 맛과 영양 면에서도 풍요롭다.

금요일 저녁, 마지막 비행기를 타고 제주공항에 도착해서 간단히 요기를 하고 일찍 숙소로 향했다. 다음날 새벽에 자리(제주 사람들은 자리라고 하지 자리돔이라고 말하지 않는다) 잡는 사람들을 만나야 했기 때문이다. 선잠을 깼을 때 밖은 아직 어두웠다. 주섬주섬 카메라를 챙겨 들고 달빛을 벗 삼아 보목항으로 향했다. 자리 뜨는 배를 보러 가는 1,100m 고지의 새벽길은 참 아름다웠다.

제주 사람, '자리'를 닮다

자리는 난류의 영향을 받는 남해, 동해 연안의 암초지대에 떼

손바닥만 한 자리지만 제주 사람들의 여름 밥상은 이 녀석이 책임졌다. 그뿐인가, 보릿고개로
끼니가 어려울 때는 식량이 되었고, 돈이 필요할 때는 돈을 만들어 주었다. 바다 속 돌밭을 좋아
하는 것을 보니 돌밭을 일구며 살아온 제주 사람을 꼭 닮았다. 아니 반대일지도 모르겠다.

를 지어 산다. 여름철에 돌에 산란하며 어미가 이를 지키는 습성이 있다. 다 커도 어른 손 한 뼘에 불과할 만큼 작다. 큰 고기의 공격을 피하고 먹이활동을 수월하게 하기 위해서는 자리를 지키며 살아야 했기에 산호초나 암초 지역을 선택했다. 이런 지역을 제주 사람들은 '걸바다밭'이라 한다. 자리가 모여 사는 어장은 특별히 '자리밧(자리밭)'이라 말한다. 그러고 보니 자리는 돌밭을 일구며 살아온 제주 사람과 닮았다.

제주 사람에게 자리는 특별하다. 멀리 나가지 않아도 잡을 수 있고, 자리밭 몇 개만 잘 봐도 봄부터 여름까지는 먹고 사는 데 큰 어려움이 없기 때문이다. 자리밭은 먼저 자리를 잡는 사람이 우선권을 가진다. 그래서 좋은 곳을 차지하려고 어둑새벽부터 바다로 나간다. 자리밭마다 이름이 붙어 있는 것도 그만큼 자리가 섬살이에서 차지하는 비중이 크기 때문이다.

가장 인상적인 자리밭 이름은 성산읍 신풍리와 신천리 경계에 있는 '식게여'다. 제주 사람들은 제사를 '식게'라고 한다. 보통 제사는 밤늦은 시간에 지내서 마치고 나면 12시가 훌쩍 넘는다. 좋은 자리밭을 차지하려면 새벽에 나가야 하는데 늦잠을 자면 큰 낭패다. 그래서 식게가 끝나자마자 자리밭으로 나가 배를 세우고 날이 밝기를 기다리는 경

'자리밧'은 먼저 차지하는 사람이 그물을 놓을 수 있다. 자리를 잡는 어부라면 제주 연안에서 어느 자리밧이 좋은지 다 안다. 동네 사람끼리 자리싸움을 해야 하기 때문에 달빛이 채 가시지 않은 이른 새벽에 나서야 한다.

우가 많았다. 그만큼 좋은 자리밭이라는 소문이 퍼지면서 '식게여'라 불렀다고 한다.

'자리를 뜬다'고 하는 이유는?

제주 사람들은 자리를 잡는다고 말하지 않는다. 대신 '자리를 뜬다.'고 한다. 왜 그럴까. 제주 바다를 보면 뜨지 않고는 잡을 수 없다는 것을 알 수 있다. 화산암이 뽀족뽀족 솟아 있는데, 어떤 곳은 칼을 거꾸로 박아 놓은 것처럼 날카롭다. 흘러내린 용암이 파도와 바람에 깎여 형성된 해안이다. 그물을 쳐 놓을 수도, 끌 수도 없다. 조심스럽게 그물을 내렸다가 들어 올려야 한다. 그래서 만들어진 제주 전통어구가 '사둘'이다. 사둘은 그물을 올리는 방법에 따라 국자사둘과 돛대를 이용한 사둘로 나뉜다.

국자사둘의 경우 배를 타고 나가지 않고 벼랑이나 바위 위 수심이 깊은 덕에 자리를 잡는다. 뜰대에 목줄과 벼릿줄을 이용해

목포신보사가 펴낸 『전남사진지(全南寫眞誌)』(1917)에 수록된 제주의 고기잡이 모습. 테우를 타고 사둘을 이용해 자리를 뜨는 모습으로 추정된다.

자리축제 때 제주 전통 배인 테우를 타고 자리 뜨는 시범을 보이고 있다(사진 제공: 제주특별자치도).

그물을 매달아 뜬다. 긴 나무나 대나무에 그물을 매단 모양이 국자처럼 생겨 국자사둘이라 부른다. 제주의 전통 뗏목인 테우를 타고 자리밭에 가서 닻을 내려 테우를 고정하고, 배와 직각이 되도록 사둘을 바다에 넣는다. 그리고 수경으로 자리의 움직임을 확인하고 테우 이물을 지렛대 삼아 사둘을 들어 올린다. 이러면 혼자서 자리뜨기를 할 수 있다.

가장 일반적인 방법은 돛대를 이용하는 것이다. 돛대에 도르래를 매달아 버팀대로 이용해 사둘을 들어 올린다. 이런 어법은 현재 보목, 모슬포 등에서 축제 체험용으로 활용한다. 일제강점기 기록인『한국수사지』에서는 제주에 자리를 잡는 그물이 282망 있다고 보고했다.

지금은 1930년에 김요생이라는 사람이 개발한 어법을 따라 본선과 부속선 두 척으로 자리를 뜬다. 날이 흐리거나 물살이 빠른 사리에는 자리를 뜨기 어려워서 피한다. 선원은 선장을 빼면 8명이다. 무엇보다 호흡이 중요하다. 들망의 일종이기 때문에 타이밍을 놓치면 안 된다. 선장이 어군탐지기로 자리를 확인하고 신호를 보내면 일사불란하게 그물을 올려 빠져나가는 길목을 차단한다. 그리고 본선에서 그물을 당긴다.

기계를 쓸 수 없다는 것은 단점이면서 장점이다. 많은 사람이 참여해야 하고, 호흡이 착착 맞아야 하는데다가, 4월부터 7월까지 딱 넉 달 동안만 잡는 계절어업이라 상시고용도 어렵다. 그래서 마을 사람이 아니면 자리를 뜨기가 어렵지만, 잘만 뜨면 한 달

지금은 본선과 두 척의 작은 부속선으로 자리를 뜬다. 먼저 어탐기로 자리가 있는 위치를 확인한 후 그물을 펼쳐서 자리가 올라오기를 기다린다. 자리가 그물 위로 올라오면 모선과 두 척의 작은 배에서 그물을 들어 올려 자리를 포획한다.

에 수백만 원 벌이는 되기에 지역 주민 생계에 보탬이 된다.

배에서 그물을 당겨 자리를 뜨고 나면 기진맥진이 된다. 이때 선원들의 고갈된 기운을 보충해 주는 것이 자리물회다. 미리 채소를 다듬어 준비해 두었다가 자리를 썰어 넣고 된장을 넣은 뒤 물을 부어 먹는다.

'된장 맛'으로 먹는 자리회

아직 어둠이 가시지 않은 시각, 보목선창은 자리를 뜨러 나서는 사람들로 부산스러웠다. 큰 배가 물살을 가르며 앞서 가고 작은 배 두 척이 뒤를 따라 선창을 빠져나갔다. 술렁이던 선창은 다시 조용해졌다. 멀리 지귀도 너머 하늘로 동이 트기 시작했다. 보

자리는 작지만 돔답게 뼈가 억세다. 돔이라는 말은 '가슴지느러미가 가시처럼 억세다.'는 의미다.
제주에서는 매우 중요한 생선이다.

목동 어민들은 섶섬과 문섬 일대에서 자리를 뜬다.

그동안 주변 쇠소깍을 비롯해 올레길을 한 바퀴 걷고 선창으로 돌아왔다. 이른 아침인데도 길을 걷는 여행객들이 많았다. 그 사이에 주민들은 선창에 좌판을 펼쳐 놓고 막 잡아 온 자리를 크기별로 추리거나 팔고 있었다. 보목항에서는 매년 6월이면 자리축제가 열린다. 제주의 수산물축제 중에서도 오래된 축제다. 제주 사람들에게 자리는 오래 전부터 친숙한 존재였기 때문이다. 이 무렵이면 보목항은 물론 모

보목항 선창. 보목리 주민들은 자리를 잡아 1년을 먹고 산다. 남편은 자리를 잡고 아내는 막 잡아 온 자리를 크기별로 분류해 즉석에서 판다.

슬포항에서도 막 잡은 자리를 즉석에서 팔고, 중간상인들은 도매로 구입해 중산간으로 가지고 가 팔기도 한다.

참돔과 감성돔이 생선의 귀족이라면 자리는 돔 중에서 가장 작고 볼품없다. 그래도 이 작은 자리가 제주 사람들의 배고픔을 달래고 영양 보충을 책임졌다. 자리는 지방, 단백질, 아미노산, 칼슘이 많다. 덕분에 씹을수록 구수한 맛이 나 강회와 물회로 먹는 것이 좋다. 그냥 회로 먹는 것을 '강회'라 한다. 비늘, 지느러미, 머리, 꼬리를 제거하고 등 쪽으로 어슷하게 썰어 초고추장에 찍어 먹는다. 양념장에 무쳐 먹기도 한다.

자리는 작지만 돔답게 뼈가 억세다. 이를 식초에 재어 놓으면 살이 부드러워지고 육질도 쫄깃해진다. 여기에 양념된장과 버무려 오이, 깻잎, 부추, 풋고추를 잘게 썰어 잘 섞은 뒤 얼음을 띄워 먹는 것이 물

자리물회. 제주 사람들은 여름을 나기 위해 자리를 먹는다. 자리 물회 다섯 번이면 약이 필요 없다는 말도 있다.

자리강회. 지느러미를 자르고, 가시를 빼낸 다음 어슷하게 썰어 된장에 찍어 먹는다.

자리젓. 갈치속젓과 함께 제주를 대표하는 젓갈이다. 6~7월에 담가 겨울철에 먹기 시작하며, 풋고추와 식초를 넣고 무치면 좋다.

자리구이. 비늘과 내장을 제거하고 가슴지느러미의 억센 뼈를 빼낸 후 소금만 뿌리고 굽는다.

회(냉국)다. 이때도 중요한 것이 된장이다. 비린내를 가시게 하며 향기도 진하게 한다. 물질하는 잠녀들도 된장과 채소만 싸 와서 잡은 생선을 넣고 물회를 만들어 먹었다. 제주 사람들은 자리회 다섯 번만 먹으면 보약도 필요 없다고 했다.

자리구이, 자리젓, 자리무침도 제주 사람들이 즐겨 먹는 음식 이다. 제주 사람들은 보리타작이 끝나면 자리를 즐겨 먹었단다. 섬사람들이 보릿고개를 넘길 수 있었던 것도 자리 덕분이다. 철 이 지난 자리는 젓갈을 담아 1년 내내 두고 먹기도 했다.

자리 맛에 자부심을 가진 사람들

산지천에서 〈지구의 날〉 행사에 참여한 후 허름한 식당에서 점 심메뉴를 고르다 "자리는 된장 맛"이라는 식당 안주인의 된장 맛 자랑에 자리물회를 주문했다. 옆자리에서 가오리회무침에 각자 소주 한 병씩 마시던 노인 세 명과 말문을 텄다.

자리 맛을 묻는 말에 세 사람 다 생각이 달랐다. 나이가 가장 많은 노인은 자리 중에 으뜸은 '관탈자리'라고 말문을 열었다. 모 자를 쓴 노인은 "자리는 모슬포자리가 최고"란다. 물살이 거칠어 육질이 쫄깃하다는 것이다. 이야기를 듣고 있던 남은 노인이 '보 목자리'가 부드러워 물회로는 최고라고 손을 꼽았다.

모슬포와 가파도 자리는 뼈가 억세 구이용으로 좋고, 보목자리 는 뼈가 부드러워 물회나 강회로 제격이라 한다. 물론 꼭 정해져 있는 것은 아니겠지만, 마을마다 자리 맛 자긍심이 대단하다. 모

모슬포 선창에서 만난 자리 부부. 자리를 손질해 주고, 요리법까지 알려 주었다. 손질할 때 가슴지느러미에 박힌 억센 뼈를 뽑아내는 것이 가장 중요하다. 간혹 이 뼈가 목에 걸려 큰일을 치르는 사람도 있다.

슬포에서 만난 어민은 모슬포자리는 오래 보관해도 변하지 않는다며 은근히 보목자리를 견제했다. "보목리 사람 모슬포 가서 자리물회 자랑마라."란다. 보목포구에서 만난 한 주민은 "보목자리는 칼슘이 많아서 체육대회 때 보목리 사람들이 일등을 한다."며 힘자랑까지 했다.

그 사이 먹음직스런 자리물회가 나왔다. 한 수저 떠서 입 안에 넣었더니 시원하면서 시큼하고 고소한 맛이 입에 착 감겼다. 정말 이전에 먹었던 맛과 비교되었다. 가벼움과 깊음의 차이랄까. 식당 안주인이 자신에 차 자리를 권한 이유를 알 것 같았다. 식당 주인이 빈자리에 앉아 나를 물끄러미 쳐다보는 눈빛이 "제 말이 틀림없죠?"라는 것 같았다.

다음 날 아침 운 좋게 마라도 자리덕 선창 옆에서 자리 뜨는 배를 보았다. 하지만 거친 파도와 너울 때문에 보조선이 좀처럼 그물을 펼치지 못했다. 모슬포 선창을 어슬렁거리다 보니 시원한 국물이 생각났다. 어제 제주에 사는 지인들과 회포를 풀었던 터다.

선창에서 자리를 팔고 있는 부부를 만났다. 물이 좋은 생선을 앞에 두고 살 수 없는 형편이라 기웃거리기만 했다. 내 형편을 알았을까, 아주머니는 방금 잡은 자리를 얼음에 넣어 주겠다며 붙잡았다. 그리고 자리를 손질해 주며 물회 만드는 방법까지 알려 줬다. 아저씨는 가파도가 고향이다. 봄부터 여름까지 자리를 잡고, 가을부터 겨울까지는 방어를 잡아 생활한단다. 방어를 잡을 때도 자리를 미끼로 사용하기 때문에 부부는 1년 내내 자리와 인연을 맺고 있다.

농어는 감성돔이 사라지고 참돔이 나올 때까지, 낚시꾼들에게 가장 사랑받는 생선이다.
더불어 잘 빠진 몸매 덕에 바다의 팔등신이라 불린다. 낚시에 걸려 하늘로 치솟는 농어를
보면 미끈한 몸매가 아찔하다.

농어
바라만 봐도 좋은 바다의 팔등신

7월은 농어가 제철이다. 『동의보감』에서 "오장을 보하고 위를 고르게 하며, 힘줄과 뼈를 튼튼하게 한다. 회를 쳐서 먹으면 더 좋고 많이 먹을수록 좋다."고 할 만큼 영양가도 풍부하고, 맛도 좋다. 여름철 농어는 지방이 적당히 올라 횟감으로도 그만이고, 소금구이, 튀김, 탕, 찜 등으로 요리해 먹어도 맛있다. 또 잘 빠진 몸매, 날렵한 움직임, 도전적인 성격으로 낚시꾼들에게도 인기가 최고다.

농어만큼 날렵하고 잘 빠진 생선도 보기 드물다. 그래서 바다의 팔등신이라고도 한다. 우리나라 외에 중국, 대만, 일본(홋카이도 이남) 연안에 살고 있다. 약 400종이 있으며, 낚시꾼들이 좋아하는 물고기다. 『신증동국여지승람』에서는 함경도를 제외하고 전도에서 잡힌다고 했고, 이 중에서 남해안과 서남해안에서 잡힌 농어가 특히 좋다. 일본인들은 세토내해의 농어를 으뜸으로 치며, 여름철 초밥 재료로 많이 쓴다.

장마철에 잡히는 농어가 크고 맛있다

농어는 육식성이다. 멸치처럼 작은 물고기, 새우와 게 등 갑각

농어는 봄을 넘기고 여름철 장마가 올 때쯤 되어야 맛이 들기 시작한다. 이때 잡은 큰 농어를 '마농어'라고 부른다. 맛있는 농어라 전라도에서는 '맛농에'라고도 한다.

류, 갯지렁이와 같은 환형동물 등을 즐겨 먹는다. 특히 멸치를 좋아해 산란하러 연안으로 오는 멸치를 따라 들어온다. 봄이 일찍 시작되는 남해의 섬이나 부산과 포항 일대에서 농어낚시가 먼저 시작되는 것도 이 때문이다.

몸에 살이 붙고 육질이 단단해지면 강 하구에 머물다 가을철에는 깊은 바다로 이동한다. 거친 조류에서 활동하며, 등은 검으면서 푸른빛이 돌고, 배는 흰색이다. 하늘에서 보았을 때 검푸른 색은 눈에 잘 띄지 않는다. 반대로 바다 밑에서 보면 흰색도 마찬가지다. 물고기들의 자기방어를 위한 보호색이다.

농어회. 보기만 해도 보약이라는 7월 농어는 돔과 광어가 맛을 잃고, 병어도 철이 지나갈 무렵 입맛을 돋우는 생선이다. 하지만 8월이면 그 자리도 민어에게 내줘야 한다.

『난호어목지』에서는 깍정이, 『자산어보』에서는 걸덕어(乞德魚)라고 했다. 지역에 따라 부르는 이름도 다르다. 부산, 거제, 통영에서는 까지매기, 전남에서는 깔따구(깔대기, 껄떡우 등), 울릉도에서는 연어병치, 독도돔이라고 했다. 완도, 해남, 진도, 신안, 무안, 함평, 영광 일대에서는 지금도 어린 농어를 깔다구라고 부른다. 흑산도에서는 농어 치어를 포농어 또는 걸덕어라고 한다.

포농어는 다소 생소한 말인데, 『현산어보를 찾아서』에는 '봄에 잡힌 농어'라고 풀이되어 있다. 봄에 잡힌 농어는 아직 덜 자란 상태다. 여름철 장마에 잡힌 큰 농어는 마농어라고 부른다. 농어는 큰 것이 맛있다. 그래서 '맛농에'라고도 한다. 장마에 잡혀서인지, 맛이 있어서인지는 모르겠지만, 이름 하나는 제대로 붙었다.

여름철 낚시꾼들의 손맛을 달래 주는 물고기

"왔어!" 김 씨가 낚싯대를 힘껏 들어 올리더니 재빠르게 릴을 감았다. 농어와 힘겨루기가 시작되었다. 기쁨과 만족으로 표정근이 씰룩거렸다. 미끼를 던진 지 채 5분도 되지 않아서다. 황제도 토박이 김 씨와 황제도 갯바위 낚시에 반해 눌러 앉은 신 씨, 그리고 목사님까지 세 명 중 첫 번째로 온 신호라 신경이 잔뜩 쓰였을 게다. 게다가 불청객인 내가 보고 있으니 내심 첫수로 우쭐해 보고 싶은 마음도 있었겠다.

그러나 그 마음도 잠시다. 농어 녀석이 눈치를 챘는지, 짧은 탄식에 이어 빈 낚시만 올라왔다. 놓친 고기가 더 크게 여겨지므로

황제도 땅콩여는 바위의 생김새가 땅콩처럼 생겨서 붙은 이름이다. 주변에 돔, 농어 등 고급어종이 많아 낚시꾼들이 가장 먼저 자리다툼을 하는 포인트다.

농어는 잔잔한 호수 같은 바다에서는 잡기 어렵다. 맑은 물을 좋아하기 때문에 바닷물이 소용돌이치는 갯바위에서 많이 잡는다.

아쉬움도 더 클 수밖에. 그러나 다시 소식을 접하는 데 오랜 시간이 걸리지 않았다. 이번에도 김 씨였다. 토박이의 자존심이랄까. 황제도의 농어낚시는 봄철에 시작되어 여름철까지 이어진다. 농어는 감성돔이 사라진 뒤 참돔이 입질을 할 때까지 허기진 낚시꾼들의 손맛을 달래 준다.

"멸치가 빠져나갔어." "다른 데로 이동하게." 신 씨가 낚싯대를 배 난간에 꽂으며 말했다. 황제도에서 최고 낚시 포인트로 꼽히는 꾸중여로 향했다. 겨울철 감성돔 낚시로 유명한 곳이다. 대물이 종종 올라오는 곳이라 겨울철 거친 파도에도 불구하고 낚시꾼들의 발길이 이어진다. 특히 땅콩여와 토끼섬 꾸중여가 최고의 포인트다. 이 중 꾸중여는 3~4명만 낚시를 할 수 있을 만큼 자리가 좁아 겨울철에는 자리다툼이 심하다. 직벽으로, 발밑 수심이 10m 이상 내려가는 곳이다. 황제도에서 가장 늦게까지 감성돔이 낚이는 대물 포인트다.

김 씨와 신 씨가 '웜'으로 연달아 농어를 잡아 올렸다. 농어를 잡

조류를 따라 들어오는 멸치를 쫓는 농어는 결국 인간이 던진 미끼에 신세를 망친다.
탐욕이 부른 결과지만 알고도 속는 것이 습관이다.

는 가짜 미끼다. 반면에 목사님의 성적은 신통치 않다. "하느님은
왜 도와주지 않으시지?"라며 웃었다. 민망했을까, 목사님도 허리
춤에 차고 있던 가방에서 새로운 미끼를 꺼냈다. 역시 웜이다. 그
리고 자신 있게 꾸중여로 낚시를 던졌다. 마치 대포가 날아가듯
쉬쉬 소리를 내며 바위 옆에 떨어졌다.

　족히 100m쯤 던진 것 같다. 릴을 감아 멸치가 수면에 접해 이
리저리 움직이는 것처럼 농어를 유혹했다. 잠시 후, "왔어!" 목사
님 목소리가 파도소리를 뚫고 솟구쳐 올랐다. 낚싯대가 굽은 것이
심상치 않다. 지금까지 잡은 것 중에 으뜸일 것 같다. 예상대로였
다. 간만에 보는 손맛이라더니, 월척이다. 얼굴이 씰룩거렸다. 이

를 두고 오르가즘과 비교하는 사람도 있다. 낚시꾼들만 느낄 수 있는 맛이리라.

농어는 도전적이다. 하지만 도전과 탐욕은 종이 한 장 차이라던가. 거친 조류를 타고 연안으로 들어오는 멸치를 탐하는 농어의 습성을 그대로 이용했다. 그래서 만들어 낸 어법이 '루어낚시'다. 가짜 미끼를 가지고 속이는 것이다. 털, 나무, 고무, 금속 따위로 물고기 모양을 만들어 조류가 강한 곳에서 끌면서 유인하는 것이다. 농어낚시는 국내의 호수를 점령한 외래 포식자인 배스를 낚을 때와 채비가 비슷하다. 습성이 비슷하기에 잡는 방법도 유사하다. 그래서일까. 농어를 씨배스(sea bass)라고 한다.

농어 맛에 세상일을 잊다

거푸 농어를 잡아 올리는 신 씨는 경기도에서 회사를 운영했다. 휴양차 섬에 왔다가 손맛에 눌러앉았다. 사연이야 왜 없겠는가마는 지금은 거처를 마련하고 머물며 손맛에 빠져 있다. 『고사기』에 전하는 '송강 노어'*가 생각났다. 송강에서 잡히는 농어 이야기다. 옛날 오나라에 장한이라는 사람이 살았다. 그는 낙양에서 대사서라는 벼슬을 하고 있었다. 여름날 황제에게 고향의 농어 맛이 그

*송강 노어는 실제로는 농어와 다른 물고기이나, 농어로 많이 알려졌다. 서유구의 『전어지』처럼 실학자들의 저술 대부분은 송강 노어를 둑중개과에 속하는 민물고기인 꺽정이로 밝힌다.

리워 못 견디겠다 하고는 관직을 버리고 낙향했다. 농어가 얼마나 맛이 있었으면 벼슬마저 버렸을까. 아니면 복잡한 일상을 벗어나고 싶어 생각해 낸 핑계였을까.

농어는 탁한 곳에서는 잡히지 않는다. 완만한 자갈이 깔린 하구, 민물이 솟구치는 해안, 암초가 있어 거품과 소용돌이치는 해안, 오목하게 들어간 해안 등에서 잘 잡힌다. 그리고 새벽이나 해질 무렵에 잘 잡힌다. 점심을 먹고 잡은 농어가 배 위에 이리저리 뒹굴다 제풀에 꺾여 입만 뻐끔뻐끔했다.

기어코 잡은 농어 맛을 봐야 한다며 신 씨가 제일 큰 농어를 들고 선창으로 나갔다. 해초가 가득한 갯바위에 자리를 잡고 비늘을 벗기고 내장을 꺼내 손질을 했다. 여름철이면 선어로 먹는 병어와

잡은 농어 중 씨알이 가장 큰 놈이 희생양이 되었다. 바닷물에 손질해서 접시에 올렸다. 수온이 낮아서인지 맛이 신통치 않았다. 멸치가 와야 농어가 배불리 먹고 육질이 제대로 될 터인데 아쉽다.

민어, 뜨거운 육수에 살짝 데쳐 먹는 장어만 먹어 봤지, 자연산 농어를 맛 볼 기회는 흔치 않았다. 더구나 막 잡아 올린 농어가 아니던가. 그런데 맛을 잘 모르겠다. 예전 같으면 맛이 들었을 텐데, 수온이 낮아 아직 맛이 오르지 않았단다.

그리고 보니 예전 같으면 진즉 농어낚시가 시작되어 갯바위마다 사람들로 빼곡

하련만 해수 온도가 낮아 농어가 적어서인지 조용하다. 주말이면 서너 척씩 들어오던 낚싯배도 겨우 한 척뿐이었다. 덩달아 민박집도 파리가 날리고 있었다. 오뉴월에 농어가 많이 잡히기 때문에 '오뉴월에 농어국도 못 얻어먹느냐.'는 말이 있는데, 딱 그 꼴이다.

며칠 전, 진도의 작은 섬 죽항도에서 멸치 그물이 조용하다며 바다만 쳐다보던 어민이 생각났다. 멸치가 들지 않으니 농어가 올 리 없다. 또 왔다 한들 제맛이 날 리 없다. 하물며 밥상에 오른 생선의 맛인들 오죽하겠는가.

더위야 이제 물러나라

날로 먹을 수 있는 해산물이 많지 않은 여름철, 회를 좋아하는 사람에게 갑오징어는 없어서는 안 될 존재. 특히 얼음을 띄운 갑오징어물회는 여름 열기를 한 번에 식혀 줄 만큼 시원한 메뉴다. 또한 갑오징어는 닭가슴살 저리 가라 할 만큼 뛰어난 저지방 고단백질 식품이다. 여기에 노화 방지, 피부 탄력에 도움이 되는 셀레늄 성분까지 가득하다. 갑오징어만 있으면 이 여름을 시원하고, 건강하게 지낼 수 있겠다.

어렸을 때 풀을 베다 가끔 손가락을 베곤 했다. 그래도 풀 베는 일을 멈출 수 없었다. "네가 굶어도 소를 굶겨서는 안 된다."는 아버지의 지엄한 명령 때문이었다. 한번은 누나와 함께 냇가에서 '고마니' 풀을 베다 또 일을 저질렀다. 오른손으로 왼손 검지를 감쌌지만 피가 뚝뚝 떨어져 개울물을 붉게 적셨다. 깜짝 놀란 누나가 냇가에서 하얀 뼈를 주워 돌에 갈아 가루를 뿌려 주었다. 보통 쑥을 찧어 상처에 동여 메는데 이날은 달랐다. 놀랍게도 흐르던 피가 멈추기 시작했다. 그 하얀 뼈의 주인공을 산 채로 본 것은 그로부터 십여 년이 흐른 뒤였다. 『자산어보』에도 "오적어(烏賊魚, 참갑

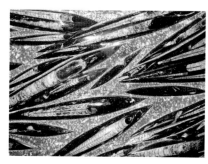

해양박물관에 있는 갑오징어 화석

갑오징어물회. 부드러운 갑오징어, 싱싱한 채소와 과일, 새콤달콤한 양념, 시원한 얼음이 한데 어우러진 여름철 으뜸 별미다. 입맛이 없을 때는 물론이거니와 반찬하기 귀찮을 때 갑오징어와 오이, 깻잎을 송송 썰어 넣기만 해도 최고의 요리가 된다.

오징어)의 뼈는 상처를 아물게 하는 효능이 있다."라고 기록되어 있다.

바다의 단백질 덩어리

지구에는 460여 종의 오징어가 있고, 우리 바다에 서식하는 오징어는 80여 종이다. 그중에서도 우리 식탁에 자주 등장하는 것은 살오징어, 화살오징어, 갑오징어 등이다. 살오징어는 동해에서 나는 피둥어꼴뚜기(일반 오징어), 화살오징어는 동해와 제주에서 잡히는 한치, 갑오징어는 서해에서 잡히는 참갑오징어를 말한다. 흔히 갑오징어나 참오징어라 부르지만(여기서도 '갑오징어'로 통일한다), 표준 국명은 '참갑오징어'이다. 한편, 흑산도에서는 오징어를 갑오징어라 말한다. 앞서 언급한 『자산어보』의 예 역시 갑오징어의 뼈를 말한 것이다.

'참'은 참돔, 참숭어, 참꼬막, 참굴, 참바지락 등 으뜸인 것에 붙이는 명예로운 접미사다. 갑오징어의 '갑'은 몸통에 들어 있는 뼈 때문에 붙은 것이다. 상처를 아물게 하는 효능이 있다는 뼈에는 작은 방(에어탱크)이 있고, 오징어가 물에 뜨고 가라앉도록 하는 기능을 한다. 수족관이나 시장의 함지박에 둥둥 떠 있는 갑오징어의 비밀이 여기에서 비롯된다.

수산물 대부분이 단백질 덩어리이지만 갑오징어는 그 양이 특히 어마어마하다. 무려 70%에 이르며, 지방은 5%에 불과하다. 몸짱들이 즐겨 찾는 닭가슴살보다 칼로리가 낮아, 그야말로 저지

갑오징어는 닭가슴살보다 칼로리가 낮고 단백질은 많으니 현대인에게 맞춤형 바다음식이다.

방 고단백질 식품이다. 셀레늄 성분도 가득해 노화를 방지하고 피부 탄력을 유지해 준다. 또 육류와 달리 고밀도 콜레스테롤이 많아 각종 혈관 질환을 예방하며, 피로 회복에도 좋다.

『동의보감』에는 "오징어의 살은 기력을 증진시키며, 정신력을 강하게 한다. 또 오래 먹으면 정력을 키워서 자식을 낳게 한다."라고 나온다. 갑오징어의 효능은 우리만 아니라 서양에서도 일찍이 주목했다. 1900년부터 베네치아 사람들은 갑오징어 먹물로 스파게티를 만들어 먹었다.

'빛'의 사냥꾼

갑오징어는 두족류에 속한다. 몸통 위의 머리에 눈과 다리가 붙어 있다. 그 다리를 팔이라 보고, 팔이 10개라는 뜻으로 십완

목이라 했다. 그러나 정확히는 다리가 8개, 촉완(팔)이 2개다. 갑오징어는 살오징어나 화살오징어에 비해 다리가 짧다. 촉완은 다리보다 길고 끝이 약간 넓으며 흡반이 있다. 보통 헤엄칠 때는 주머니 속에 넣고 있다가 먹이가 나타나면 눈 깜짝할 사이에 내밀어 포획한다. 먹이를 발견하면, 마치 네온사인에서 불빛이 나오는 것처럼 머리에서 다리로 불빛이 뿜어져 나온다. 그 빛을 반사, 굴절시켜 먹이를 꼼짝하지 못하게 한다.

1년밖에 살지 못하는 오징어와 달리 갑오징어는 4~5년을 산다. 수컷은 몸에 선명한 가로 줄무늬가 있지만 암컷에는 없다. 수온이 낮아지는 겨울에서 초봄까지는 수심이 깊은 곳으로 옮겨 가생활하기 때문에 그물이나 낚시로 잡기 어렵다. 산란하고자 연안에 다시 나타나는 4월 무렵을 기다려야 한다. 갑오징어는 수온에 민감하기 때문에 지역에 따라 잡는 시기는 조금씩 다를 수 있다.

완도군 소안도의 소진리는 멸치잡이를 많이 하는 어촌이다. 당사도와 소안도 사이에 쳐 놓은 낭장망 그물을 걷어 올리자 멸치들 사이로 병어와 갑오징어가 섞여 있다. 갑오징어는 멸치를 잡는 낭장망*에 많이 걸린다. 멸치를 탐하다 어부들이 쳐 놓은 그

*모기장 그물이라 부르는 자루그물을 사용하는 낭장망에는 갑오징어만 아니라 밴댕이, 까나리, 주꾸미, 꼴뚜기, 갈치 등 온갖 어류들이 포획된다. 그물에 든 어류는 빠져나가지 못하고, 나중에 어부가 살려준다고 해도 거의 죽은 상태라 갈매기만 포식한다. 장기적 자원관리를 위해 대책이 필요하다. 정부에서도 낭장망은 추가 허가를 내주지 않고 있다.

물에 갇히는 것이다. 소안도를 비롯해 진도군 조도면 청등도, 슬도, 죽항도에서 이런 경우가 자주 생긴다. 그래서 인심 좋은 주인을 만나면 갑오징어 열댓 마리를 거저 받기도 한다.

멸치 잡는 사람들에게는 비싼 병어나 갑오징어도 잡어일 뿐이다. 죽방렴에도 가끔 멸치를 탐하는 갈치와 병어, 갑오징어가 들어오지만 역시 잡어 취급을 받는다. 충청도 연안이나 남해에서처럼 갑오징어를 잡기 위해 유자망이나 통발을 놓는 어민들이 들으면 배부른 소리한다고 할지 모르지만, 이렇게 사정에 따라 잡어의 종류는 달라지게 마련이다.

갑오징어는 멸치를 먹이로 삼기 때문에, 멸치 어장이 형성된 곳에 많다.
그래서 멸치 그물에 많이 갇히는데, 처량하게도 멸치 잡는 어부에게 갑오징어는 잡어에 불과하다.

갑오징어물회로 더위를 마셔 버리다

지난 7월, 효자도를 다녀오는 길에 대천항의 수산시장에서 갑오징어를 한 상자나 샀다. 스무 마리나 들어 있어 양이 부담스러웠지만 열 마리만 팔라고 흥정을 하던 아주머니가 다른 가게로 눈을 돌리는 사이에 얼른 저질러 버렸다. 싱싱한 것은 말할 것도 없고 몸집이 크고 값도 저렴했다. 다른 집의 물건이 성에 차지 않았는지 아주머니가 다시 왔을 때 그 갑오징어는 내 얼음상자에 담기고 있었다.

여름철에 날로 먹을 수 있는 바다생선이 많지 않다. 선어로 먹을 수 있는 것도 민어나 병어 정도다. 회를 좋아하는 사람들의 마음을 달래 주는 여름철 생선으로는 갑오징어를 넘어설 것이 없

손질한 갑오징어는 꾸덕꾸덕 말린 후 한 마리씩 진공 포장해 냉동실에 보관해 두면 1년 내내 싱싱하게 먹을 수 있다. 해동 후 횟감으로도 사용할 수도 있다.

다. 또 손질해서 한 마리씩 포장해 냉동실에 넣어 두면 오래 보관할 수도 있다. 먹고 싶을 때 미리 꺼내 녹인 다음 회, 무침, 전골 등 어떤 요리로도 변신이 가능하다. 햇볕에 말려 보관해 구워 먹거나 조림으로 요리해도 좋다. 『자산어보』에도 "맛이 감미로워서 회로 먹거나 말려서 포를 만들어 먹으면 좋다."고 기록되어 있다. 제철에 값싼 갑오징어를 많이 구입하는 이유다.

갑오징어를 요리할 때는 손질을 잘해야 한다. 우선 머리(사실은 몸통이다)를 위로 향하게 잡은 다음 뼈를 움켜쥐고 가볍게 바닥으로 누르면 뼈가 빠져나온다. 뼈가 나온 부분을 자르고서 수돗물을 틀어 놓고 내장을 꺼낸다. 그래야 먹물이 옷에 튀는 것을 막을 수 있다. 갑오징어 내장은 무를 넣고 끓이면 시원한 내장탕이 된다. 아이들이 좋아하는 라면에 넣으면 조미료가 필요 없다. 우리 집에서는 갑오징어 요리를 하는 날이면 갑오징어 라면을 먹는 날이다. 처음에는 라면 국물의 색깔이 거무튀튀하다고 싫어하던 아이들도 한 번 맛을 본 후로는 대환영이다.

갑오징어를 손질할 때는 손으로 등을 쥐고 칼을 뒤집어 머리와 몸 사이를 들어 올리듯이 자른다. 수돗물을 틀어 놓고 내장을 제거하면 먹물이 튀는 것을 막을 수 있다. 마지막으로 다리와 머리 사이를 잘라서 이빨을 빼낸다.

껍질도 잘 벗겨야 한다. 몸통 가장자리의 껍질을 손으로 잡고, 칼끝으로 살을 붙들며 당기면 쉽게 벗겨진다. 껍질이 잘 잡히지 않을 때는 소금이나 밀가

갑오징어숙회   갑오징어회   갑오징어무침

루를 묻혀서 잡으면 된다. 껍질도 탕이나 조림에 넣으면 쫄깃하
니 맛이 있다.

　가장 쉬운 갑오징어 요리는 회, 데침, 구이다. 썰어서, 삶아서,
구워서 내놓으면 끝이다. 무침은 여기에 손맛이 더해진다. 껍질
을 벗긴 갑오징어에 칼집을 넣어 살짝 데친 다음, 먹기 좋은 크기
로 썰어서 미나리, 양파, 오이, 초고추장, 다진 마늘, 고춧가루,
참기름, 깨 등과 함께 큰 볼에 담아 살살 무친다.

　말복 날 저녁에 용기를 내 갑오징어물회에 도전했다. 물 좋은
갑오징어를 갈무리한 다음 껍질을 벗기고 칼집을 넣어 살짝 데쳤
다. 해삼도 그렇지만 활어보다 데친 갑오징어가 식감이 좋고 부
드럽다. 그리고 오이, 상추, 배, 사과 등 싱싱한 야채와 과일도
채 썰어 준비했다. 가장 중요한 소스는 막된장에 고추장과 매실
효소, 다진 마늘을 넣어 만들었다. 그런 다음 갑오징어와 야채를
따로따로 버무렸다. 이를 큰 그릇에 넣고 잘 섞어 주무른 뒤, 생
수를 넣고 얼음을 띄웠다. 마무리로 삶은 소면을 물회 국물에 넣
어 후루룩, 늦더위와 함께 마셔 버렸다.

보리농사가 전부인 가파도 주민들에게 가사리, 미역, 톳이 지천인 갯밭은 식량 창고다.
마라도가 보이는 갯밭에서 전복 껍질로 해초를 뜯어 반찬으로 먹고 여행객에게 팔기도 한다.

가사리 삼형제,
갯바위를 덮다

지금이야 돈 되는 미역에 밀려 상대적으로 섬사람들의 관심에서 멀어졌다지만, 가사리류
는 여전히 맛 좋고, 영양 풍부한 해초류다. 우뭇가사리는 건강, 다이어트 식품으로 대접
받고, 불등가사리는 임산부를 비롯한 여성들에게 특히 좋으며, 숙취 해소에도 그만이다.
또 참풀가사리로 완성되는 해초비빔밥은 입에 넣는 순간 갯내음이 물씬 풍기는 별미 중
별미로 통한다.

아침 일찍, 뭍으로 가는 사람들을 데
려다 준다고 나간 통영의 작은 섬 우
도 식당 주인 김강춘 씨가 물에 빠진
생쥐 꼴을 하고 들어왔다. 자세히 보
니 손가락에서는 피까지 뚝뚝 떨어지
고 있었다. 선창에서 군소를 잡다가
갯바위로 미끄러졌단다. 지난번에도

가사리는 경사가 급한 갯바위나 바위에서 자라
는 것이 품질이 좋다. 엉금엉금 기어 다니며 손
으로 뜯어야 하기에 나이 들어 제 몸도 가누기
힘든 섬 노인들이 감당하기는 힘들다.

갯바위에서 해초를 뜯다 허리를 다쳐 한동안 고생했다더니. 손
님들 아침을 준비하던 안주인이 화들짝 놀라 약을 가지러 방으로
들어갔다. 젊은 부부가 우도에 들어와 자리를 잡고, 해초밥상을
만들기까지 얼마나 어려움이 많았을까.

불등가사리(아래), 참풀가사리(왼쪽 위), 우뭇가사리(오른쪽 위)

우뭇가사리,
그럭저럭 먹을 만한 음식에서 건강식품으로

매생이도 그렇지만 우무를 젓가락으로 집어 먹으려면 애를 먹는다. 수저로 떠먹거나 후루룩 마셔야 한다. 양반 체면 따지려면 애당초 우무를 찾지 말아야 했다. 우이도에서 유배생활을 한 정약전도 우뭇가사리를 봤을 것이다. 물론 섬사람들이 만들어 준 우무도 먹었음에 틀림없다. 궁벽하고 외진 섬에서 갯것을 먹지 않고 보릿고개를 넘기 어려웠을 테니까. 정약전은 『자산어보』에 우무에 대해 이렇게 적었다.

"모양은 섬가채를 닮았다. 다만 몸이 납작하고, 가지 사이에 매우 가느다란 잎이 달려 있으며, 자색을 띤다는 것이 다르다. 여름철에는 삶아서 걸쭉한 죽처럼 만든 후에 다시 굳히면 맑고 윤기가 흐르는 것이 꽤 먹을 만한 음식이 된다." 섬가채는 풀가사리를 말한다.

우뭇가사리는 모양이 소 털과 같다. 그래서 우모(牛毛)라 했다. 우뭇가사리의 속명은 젤리디움(*Gelidium*)이다. 라틴어로 '응고'라는 뜻이다. 해수 소통이 잘되는 갯바위에 붙어 봄에 싹이 나고 여름에 번식하고서 녹아 없어지는 여러해살이 해초다. 우뭇가사리가 상품이 되던 시절에는 갯닦기(해조류의 포자나 어패류의 어린 조개가 잘 붙을 수 있도록 바위의 겉면을 깨끗이 닦아 주는 일. 바위닦기라고도 한다)를 해서 포자가 부착할 수 있는 공간을 넓혔다.

우무의 최고 요리는 여름철 냉국이다. 콩국에 얼음과 우무를 동동 띄워서 마신다. 산촌에서 자란 탓에 도토리나 상수리로 만든 묵은 자주 맛봤다. 처음 우무를 봤을 때 어떻게 묵이 이렇게 하얄 수 있는지 참 신기했다. 수분이 많아 보관이 어렵기에 겨울철에는 얼말려 우무를 만들기도 했다.

건조 중인 우뭇가사리

우뭇가사리를 말리면 붉은색에서 흰색으로 바뀐다.

그런데 세상 참 좋아졌다. 이젠 날씨와 관계없이 기계에 의지할 수 있게 되었으니 말이다. 우뭇가사리를 가루나 조각으로 보관하다 물에 넣고 끓여서 녹이면 우무가 만들어진다. 우무는 건강, 다이어트 식품으로 각광받고 있다. 흡수가 잘되지 않는 저칼로리 음식이기 때문이다.

잘 마른 우뭇가사리를 솥에 넣고 팔팔 끓여 물을 받아 식히면 우무가 된다.

우무로 만든 최고의 요리는 여름철 냉국이다. 콩국에 얼음과 우무를 동동 띄워서 마신다.

뜸북으로 만든
진도의 잔치음식 '뜸북국'

불등가사리는 '뜸북'이라는 이름으로 먼저 만났다. 만난 장소는 바닷가가 아닌 식당. 진도를 돌아보고 과음한 다음 날 아침, 속이 불편해 해장국을 찾았더니 진도군에 근무하는 오귀석이 뜸북국을 권했다. "아니, 김 박사님이 아직도 뜸북국을 안 먹었다는 말이에요?"라며 면박을 주면서도 점심시간보다 이른 시간에 가야 한다고 귀띔까지 해 주었다. 그 말인즉슨 손님이 많다는 의미다.

진도에서는 동네잔치 때 먹던 음식이란다. 제주에서 '몸국'이 잔치에 빠지지 않는 것과 비슷하다. 몸국은 모자반을 넣어 끓인 국이다. 뜸북이나 모자반이나 장마철에 채취해서 말려야 하기 때문에 손이 여간 많이 가지 않는다. 식당에 들어서자 다음과 같이 쓰여 있었다.

"국내산 한우를 푹 삶아 기름기를 제거한 뒤 청정지역 조도에서 채취한 잘 건조된 뜸북을 넣어 다시 푹 삶아 뜸북의 진한 맛이 우러날 때까지 끓입니다. 진도에서 채취되는 뜸북은 그 맛과 영양이 돌미역과 같아 임산부와 여성분

띠배놀이로 유명한 전라북도 부안군 위도의 대리마을에서는 당제를 지낼 때 불등가사리를 제물로 올린다.

들에게 특히 좋으며, 진한 국물은 숙취 해소로도 좋습니다." 소고기가 귀한 시절에는 돼지 뼈 국물에 뜸북을 넣고 끓여 냈다.

진도 궁전식당이 뜸북국 전문이다. 새 떼가 내려앉은 것처럼 섬들이 모여 있다는 조도 일대에서 자란 불등가사리만 사용한다. 연안의 가까운 갯바위에서도 많이 자랐지만 양식과 해양오염으로 사라졌다. 제주도, 완도, 진도, 신안의 먼 섬 갯바위에서 자란다. 지금도 제주의 우도, 추자도 일대에서는 물질하는 해녀들에게 가사리는 보물이다. 특히 소라와 해삼을 채취하지 못하는 물때나 채취량이 없을 때는 가사리에 손이 간다. 소라나 전복과 달리 오롯이 해녀들의 몫이 되기 때문이다.

일제강점기, 일본인들은 가사리도 탐냈다. 제주에서는 불법으로 채취하려다 제주 해녀들의 강한 저항을 받고 혼쭐이 나기도 했다. 거문도를 비롯한 남해 일대의 어장에서도 해적처럼 출몰해 가사리를 채취해 갔고, 어장 분쟁을 일으키기도 했다. 가사리가 미역이나 전복보다 경제적 가치가 높았기 때문이다. 또한 대륙 침략 전쟁을 준비하던 일본은 화학공업의 원료가 되는 가사리가 꼭 필요하기도 했다.

『자산어보』에서는 불등가사리를 "속이 비어 있고, 부드럽고 미끄러우며, 국을 끓이는 데 좋다."며 종가채(騣加菜)라 했다. 말 갈기털이 이렇게 생겼던 모양이다. 풀가사리과 바닷말에 속하는 홍조류로, 갈조류인 뜸부기와 이름이 혼동되기도 한다. 뜸부기는 나물로 많이 먹는다. 불등가사리는 줄기가 가장 굵은 원기둥이 엇갈린 모양으로 갈라져 가지를 이룬다. 붉은색을 띠며 조간대 최상부에 자란다. 3월부터 4월 중에 포자가 갯바위에 부착해 5월 하순에 번성하고 또다시 방출된 포자가 9월에 번성한다.

젊은 부부가 만들어 주던
통영 우도의 해초비빔밥

"김 박사, 니 해초비빔밥 묵어 봤나." 통영 가시나 윤미숙이 대뜸 내게 물었다. "안무었다." 비슷한 말투로 대답했더니, 킥킥 대는 소리가 수화기를 통해 들렸다. "아무 때나 와라. 날 잡아 함

불등가사리

햇볕에 말린 불등가사리가 최상품이다.

가게." 그렇게 말한 사람에게 정작 날을 잡고 연락했더니 바쁘단다. 그가 알려 준 식당 전화번호만 챙겨 들고 해초밥상을 찾아 가족과 함께 나섰다. 막내 별아는 신이 났는지 작은 배낭에 간식을 챙겨 넣고 흥겹다. 아내도 덩달아 발걸음이 가볍다.

　모처럼 떠난 통영. 최종 목적지인 우도는 객선도 들어가지 않는 섬이다. 우선 연화도에 도착해 한 바퀴 돌았다. 등산객들을 따라 들어선 섬 길은 점심시간을 훌쩍 넘길 만큼 길었다. 막걸리와 빈대떡으로 점심을 때우고 맛있는 해초밥상을 꿈꾸며 배를 기다렸다. 잠시 후 선창으로 작은 배가 들어오더니 얼른 타라고 소리쳤다. 그렇게 우도에 들어섰다. 달리 찾을 것도 없다. 식당은 하나밖에 없으니까. 조용한 섬 길에서 다른 객들을 만나 한자리가 되었다. 다리를 놓은 것은 막내였다. 회갑을 맞은 아버님과 초등학교 1학년 아이가 눈이 맞았다. 덕분에 해초밥상을 받기 전에 자연산 광어와 소주잔부터 받았다.

　술자리가 익어갈 무렵 안주인 강남연 씨가 밥을 내왔다. 직접

불등가사리를 넣어 만든 뜸북국

우도에서 받은 해초밥상

뜯어 온 해초들을 넣고 비빈 해초비빔밥이다. 해
초를 집어넣어 주며 직접 만든 초장을 넣고 비벼
보라고 권했다. 사각사각, 오돌오돌, 미끈미끈
해초들이 입안에서 이리저리 춤을 췄다. 파도에
흔들리는 것처럼. 그때마다 갯내음이 쏟아졌다.

큰 접시에는 불등가사리 튀김, 해초전과 함께
서실, 미역, 몰(모자반), 불티(불등가사리), 까시리
(참풀가사리), 톳 등이 담겼다. 남도에서는 참풀가
사리를 그냥 가사리라 부른다. 진짜 가사리는 이
를 두고 하는 말일까. 가는 털 모양 때문인지 '세
모'라고도 한다. 우뭇가사리보다는 두텁고 불등
가사리보다는 가늘다. 서실은 홍조류로 바위에
자라며, 자홍색 또는 자갈색이며 연골질이다. 납
작한 막대 모양으로 가장자리에서 마주나기 또는
어긋나기로 가지를 많이 낸다.

참고로 바닷말은 남조류, 홍조류, 갈조류, 녹조
류로 나뉜다. 모두 엽록소가 있으나, 그 외의 보
조 색소 때문에 색깔이 각각 다르다. 우뭇가사리
를 비롯해 불등가사리, 참풀가사리, 김 등 우리
나라 연안에서 자라는 해조류의 절반 이상은 홍
조류에 속한다. 갈조류는 미역, 감태, 다시마, 모자반, 지충, 톳
이고, 녹조류는 파래, 청각, 매생이 등이다. 남조류는 작은 식물
플랑크톤을 말한다.

진도 독거도 갱번은 갯바위 해초의 생태계 전시장이다.
바닷물과 접한 곳부터 미역(검은색), 우뭇가사리(붉은색), 김(검은색), 톳(진녹색)이 층을 이루고 있다.

조선시대에는 모양이 흉측해 외면당했지만, 지금은 남성에게는 보양식,
여성에게는 미용식으로 알려지며 인기를 끌고 있다.

갯장어

늦여름
최고의 복달임을 찾다

늦더위가 장난 아니다. 말복까지 지났는데 폭염이 극에 달했다. 짜증은 더하고 일의 능률은 오르지 않는다. 이쯤이면 몸이 기운을 차릴 음식을 먼저 찾는다. 옛 선조들은 이를 '복달임'이라 했다. "삼복에 몸을 보하는 음식을 먹고 시원한 물가를 찾아가 더위를 이기는 일"이다. 『농가월령가』에서는 "항구의 고기가 사람을 보한다."고 했다. 여름철 바다맛 중 복달임을 하기에는 갯장어가 제격이다.

전남 고흥의 나로도로 들어가는 길목에 오취리라는 작은 어촌이 있다. 이곳은 한때 섬이었다. 가을 햇살이 따사로운 오후 선창에 갈매기들이 앞다투며 고물로 몰려들었다. 어민이 던져 준 고기 때문이다. 갈매기는 장어잡이를 위해서 연승(주낙)에 미끼를 끼우고 남은 부스러기를 노리고 있었다. "장어도 양식은 안 먹어라. 자연산 전어로 미끼를 껴야 잡혀라."고 한 어민의 말처럼 장어 식성도 사람과

연승에 미끼로 끼운 자연산 전어. 갯장어가 아무거나 잘 문다는데 실상은 꽤나 입맛이 까다로운 녀석인가 보다.

다르지 않다. 고흥 장어는 일본에서도 알아주는 특산물이다. 고흥은 갯벌이 좋고 물 흐름이 빠르기 때문에 여기서 나는 장어는 다른 장어보다 크고 튼실하다.

갯장어는 팔지 않는 어머니 마음

이른 점심시간, 진도의 작은 선창에서 실랑이가 한창이다. 아침에 통발로 잡아 온 팔뚝 굵기만 한 장어를 놓고 팔라는 낚시꾼과 팔지 않겠다는 어부의 흥정이 한참동안 계속되었다. 초짜 낚시꾼인지 아니면 물 좋은 생선을 알아본 것인지, 선창에 막 배를 정박하는 어선의 어창에서 큼지막한 능성어 두 마리를 사고 돌아서다가, 어부의 아내가 들고 올라오는 함지박에서 갯장어 두 마리를 발견한 것이다. 종종걸음으로 따라가며 끈질기게 팔라고 부탁했지만 부부는 돌아보지 않고 집으로 들어갔다. 궁금했다. 능성어는 두말하지 않고 싼값에 넘기고서 장어는 그렇게 고집스럽게 집안으로 가지고 가는 이유가.

굴포에 사는 이 씨 부부는 십여 년 전까지 김 양식을 했었다. 자식들 뒷바라지가 끝날 무렵 큰 수술을 한 뒤 김 양식을 접었다. 대신 작은 배를 가지고 통발어업을 하고 있다. 소일 삼아 하는 통발잡이로 간재미, 장어, 문어 등을 잡는다.

이 씨 부부는 집에 도착하자마자 장어 내장을 빼내고 잘 씻어 건조시켰다. 우비와 작업복을 벗는 어부의 아내에게 "이 장어 언제 쓰시려는 겁니까?"라고 물었더니 "추석에 쓰제."라고 짧게 대답했다. '아, 차례 상에 올리려나 보다.'라고 생각했다.

어머니는 이어서 "아이들이 오면 구워 먹으려고."라고 했다. 그렇게 팔라는 낚시꾼의 유혹을 뿌리치고 꼭 껴안고 가져온 장어는 추석에 고향을 찾을 자식들의 보양식이었던 것이다. 이제야 궁금증이 풀렸다. 부부가 새벽이슬을 맞고 나가 잡아 온 생선은 능성어, 복쟁이, 장어, 문어가 전부였다. 능성어는 낚시꾼에게 팔고, 장어는 자식들을 위해 갈무리해 놓았다. 진정 갯장어가 보약인 것은 아마도 어머니의 이런 정성 때문일 것이다. 막 잡은 큼지막한 문어를 삶아 점심과 함께 내왔다. 그렇지만 장어는 뒤도 돌아보지 않고 내장을 제거해 햇볕이 잘 드는 곳에 걸었다.

한국인이든, 일본인이든
여름 더위로 지친 몸에는 장어가 좋다

『동의보감』에서는 갯장어를 해만(海鰻)이라 불렀다. 또 "성질이 평(平)하고 독이 있다. 악창과 옴과 누창을 치료하는 효능이 있다."고 했다. 하지만 조선시대에는 모양이 흉측해 외면당했다. 한말에는 잡아서 일본인에게 판매했다. 『한국수산업조사보고』(1905년)에는 "붕장어, 갯장어, 서대 같은 것은 한국인에게는 일고의 가치도 없다. 그러나 갈치, 명태, 조기 등은 일본인이 하등시 하는 것임에도 불구하고 한국에서의 수요가 가장 많다."라고 적혀 있다. 일본에서 가장 오래된 시가집인 『만엽집(万葉集)』에는 "여름 더위로 지친 몸에 장어가 좋다."고 나온다.

갯벌 바닥과 암초 사이에 사는 갯장어는 호칭도 다양하다. 『자산어보』에는 견아려(犬牙鱺), 속명은 개장어(介長魚)라 했다. 개 이빨을 가진 장어라는 의미다. 지역에 따라서는 해장어(전남, 충남, 부산), 개장어, 놋장어, 뱀장어(부산, 김천), 갯붕장어(다대포), 이장어(통영 봉암도), 참장어(여수, 진도), 노장(포항) 등이라고도 한다.

일본인이 특히 좋아해 일제강점기에는 남해안에서 잡은 장어는 일본인들이 대부분 가져갔다. 심지어는 조선 사람이 함부로 잡지 못하도록 통제까지 했다고 한다. 조선 사람들은 뼈가 단단하고 잔가시가 많아서 갯장어는 선호하지 않고 붕장어를 즐겼다. 갯장어의 생김새는 붕장어에 비해 주둥이가 길고 이빨이 예리하다. 크기도 두세 배 크고 통통하다.

장어는 주낙이라 부르는 연승과 통발 외에도 저인망이나 안강망을 통해서 잡는다. 장어잡이는 주낙을 정리하는 일로 시작된다. 500m 낚싯줄에 낚시 바늘 150여 개를 단다. 이를 '한 통'이라고 한다. 우선 낚시를 바구니 가장자리에 가지런히 끼워야 한다. 이 일은 노인들의 용돈벌이가 된다. 경남 고성 사람들은 주낙 정리하는 것을 '시울갈이'라고 한다.

어민들은 채비가 된 주낙을 가지고 새벽에 바다로 나간다. 직접 살아 있는 미끼를 잡아서 낚시 바늘에 끼워야 하기 때문이다. 고흥에서는 미끼로 전어를, 고성에서는 전갱이를 많이 끼운다. 한 사람이 20통을 가지고 나가기 때문에 미끼를 채우고 출어 준비만 해도 한두 시간이 훌쩍 지난다. 결국 주낙을 바다에 던지는 것은 동이 틀 무렵이다.

장어잡이는 주낙을 정리하는 일로 시작된다. 미끼는 전어, 전갱이, 오징어 등이다. 특히 살아 있는 자연산 전어를 좋아한다. 이쯤이면 장어도 당당히 식객으로 대우를 해 줘야 하지 않을까.

낚싯줄 500m에 낚싯바늘 150여 개를 단 것이 '한 통'이다. 한 사람이 200여 통을 가지고 나가 미끼를 끼워야 하기 때문에 출어 준비만도 한두 시간이 훌쩍 넘는다.

여름철 갯장어데침과 가을철 갯장어탕

아무리 장어가 비싸다지만 올 장어복달임을 건너뛸 수는 없지 않은가. 아내는 작년에 여수에서 처음 먹어 본 '갯장어데침(하모)'을 무척 좋아한다. 갯장어는 고흥, 여수, 남해, 고성 등 남해안의 만과 바다에서 많이 잡힌다. 특히 여수는 '갯장어데침'의 원조로 꼽힌다. 여수 돌산수협에는 인근의 크고 작은 섬에서 밤새 잡아 온 갯장어를 팔기 위한 위판장이 장사진이다.

갯장어를 먹는 방법으로 가장 먼저 떠오르는 것은 장어회다. 횟감으로는 1kg에 너덧 마리 하는 크기가 적당하다. 회는 손질하는 데 손이 많이 간다. 뼈가 많기 때문이다. 그래서 너무 큰 장어는 데침 요리에 적합하다. 여름철에 가장 즐겨 먹는 데침 요리는 먼저 포를 뜨는 일로 시작한다. 척추 뼈를 발라내고 칼집을 내서 잔뼈를 씹기 좋게 갈무리한다. 그리고 적당한 크기로 잘라 육수에 살짝 데쳐 먹는다.

데침 요리에 비해 찾는이가 적은 회는 고소한 맛이 붕장어보다 덜하지만 담백하다.

갯장어데침은 먼저 포를 뜨는 일로 시작한다. 척추 뼈를 발라내고 칼집을 내서 잔뼈를 씹기 좋게 해야 한다. 완전히 썰지 않고 칼을 넣어 반쯤 썰어야 식감도 좋다.

육수는 먼저 무, 양파, 생강, 갯장어 뼈를 넣고 끓이다 소금을 넣고 다시 두 시간여 폭폭 끓인다. 이렇게 준비해 둔 육수에 부추, 버섯, 대추, 대파, 무 등을 넣고 끓이면서 먹기 좋은 크기로 잘라 놓은 갯장어를 살짝 데쳐서 양파와 깻잎 등으로 싸먹는다. 이때 된장이나 소스를 곁들이면 좋다.

고흥 녹동의 선창에는 장어탕 집이 많다. 철없이 잡히는 생선이라 식재료를 확보하기 좋기 때문이다. 또 추어탕처럼 끓여 먹을 수 있어 뭍사람이나 섬사람이나 모두 즐겨 먹는다. 걸쭉하게 끓여 낸 장어탕으로 해장국을 대신하는 사람들을 쉽게 볼 수 있다. 여기에 초피가루를 넣으면 독특한 맛을 즐길 수 있다.

고성에서는 방아잎(배초향)을 넣은 갯장어탕을 많이 먹었다. 최근에는 갯장어데침을 하는 요릿집들이 많이 생겨나 인기다. 이뿐만 아니다. 갯장어회무침, 갯장어매운탕, 갯장어국, 갯장어구이, 갯장어죽 등도 있다. 탕에는 반드시 방아 잎이 들어가야 하며, 구이를 할 때는 반건조한 갯장어가 좋다. 고흥 일대에

갯장어데침에 쓰는 육수는 무, 양파, 생강, 갯장어 뼈를 넣고 끓이다 소금을 넣고 다시 두 시간 정도 끓인다. 이렇게 준비해 둔 육수에 부추, 버섯, 대추, 대파, 무 등을 넣고 새로 끓인다.

먹기 좋은 크기로 잘라 놓은 갯장어를 살짝 데쳐서 양파와 깻잎 등에 싸먹는다. 특히 햇양파와 함께 싸먹으면 장어의 육즙과 양파의 매콤달콤함이 섞여 새로운 맛을 만들어 낸다.

갯장어탕. 가을철에 먹으면 좋다.

서는 여름철만 아니라 가을철에도 갯장어를 많이 먹는다. 가을철에는 뼈가 억세고 기름기가 많아 먹기 어렵다지만 탕으로 먹기는 오히려 더 좋다. 혹자는 갯장어를 여름철 음식이라고 하는 것은 가을 전어를 팔기 위해 만들어 낸 이야기라며, 진짜 갯장어 맛은 가을철이라고 항변한다.

대부분 일본으로 수출했던 갯장어가 1990년대 중반부터 국내에서 인기다. 남성에게 보양식, 여성에게 미용식으로 알려지면서 수요가 증가했고, 자연스레 가격도 올랐다. 그런데 수온의 영향인지 갯장어잡이가 신통치 않아 덩달아 가격은 더 천정부지다. 이대로 간다면 동해안의 대구가 사라지듯 남해안에서 갯장어가 사라질 날도 머지않을 것이다. 오늘 나의 식탐이 내일 아이들에게서 장어 맛을 빼앗을지도 모르겠다. 그런데도 도무지 이 젓가락은 멈추질 않는다.

우럭
입맛과 손맛의 지존

우럭이 없다면 대한민국의 수많은 횟집은 문을 닫아야 할 것이다. 어디 그뿐인가. 공휴일은 물론이고, 주중에도 손맛을 찾아다니는 태공들은 또 어떻게 해야 할 것인가. 우럭이 사라지면 우리의 입맛과 손맛을 모두 잃을 것이라는 말도 과장은 아닐 것이다. 이쯤이면 우럭에게 국민복지 향상에 기여한 공로를 인정해 국민훈장인 '무궁화장' 정도는 줘야 하지 않을까.

흔히 우럭으로 불리는 조피볼락(이하 우럭)은 자리돔처럼 태어난 곳에서 무리지어 생활한다. 차가운 물에서도 잘 적응하며 인공부화가 쉽고 먹는 것이 소탈하다. 이러한 특징 덕분에 어민들이나 지자체가 치어를 마을 어장에 방류하고 있다. 우럭은 서해안과 남해안을 아우르는 대표적 양식 어종이다. 게다가 쩍쩍 달라붙는 매운탕의 진한 국물과 쫄깃쫄깃한 활어회의 식감은 우리나라 식문화에 딱 맞는다.

난생일까, 태생일까

연어, 참치, 뱅방어 등 물고기의 97% 이상이 난생이며, 망상어와 같은 일부 어류만이 태생이다. 그런데 우럭은 그 중간쯤 해당하는 난태생이다. 알이 어미의 몸 밖으로 나오지 않고 안에서 수

우럭이 연처럼 하늘에 걸렸다. 양식을 할 수 없는 어청도 먼 바다에서 잡은 자연산이다.
군산까지 가져갈 수도 없고, 우럭을 찾는 여행객들도 뜸하니 햇볕에 말리는 수밖에 없다.

정되어 부화된 후 밖으로 나오는 것이다. 보통 난생은 수정된 후 난황으로부터 영양분을 섭취하며 태어난다. 반대로 태생은 어미와 태반으로 연결되어 영양분을 받고 자란다. 그런데 난태생은 난황으로부터 영양분을 공급받고, 부화할 때까지 모체에서 보호를 받는다.

우럭은 짝짓기를 할 때 암수가 배를 맞대면 수놈이 암놈의 난소공에 정충을 집어넣는다. 교미 한 달 후 수정이 되고, 다시 한 달 후 부화해 어미 몸속에서 나온다. 그리고 해초에 의지하다 어느 정도 자라면 바다 밑으로 내려가 바위틈에 자리를 잡는다. 1년에 10㎝씩 자라 6년 정도 자라면 큰 것은 60㎝에 이른다.

우럭은 볼락, 우럭볼락, 불볼락, 쏨뱅이, 미역치, 쑤기미 등과

흑산도 사람들은 우럭을 '검처귀'라 부르는데 내게는 '검은 조기'로 들렸다. 검은 물고기라는 의미일 것이다.
우럭은 조기 어장이 사라진 뒤 흑산도 어업을 책임지고 있다.

함께 양볼락과에 속한다. 북에서는 우레기라 하고, 『자산어보』에서는 검어(黔漁), 검처귀(黔處歸)라 했다. 검은색을 띠기 때문이다. 바다 속 어두운 바위 근처에 머물며 먹이활동을 하기 때문에 진화한 보호색이다. 또 생김새에 대해서는 "머리, 입, 눈이 모두 크고 몸은 둥글다. 비늘은 잘고 등은 검으며 지느러미 줄기가 매우 강하다. 맛은 농어와 비슷하고 살은 약간 단단하다."라고 설명했다. 서유구도 『전어지』에 "울억어(鬱抑魚) 살이 쫄깃하고 가시가 없어서 곰국을 만드는데 맛이 훌륭하다."고 썼다.

우럭은 눈이 왕방울처럼 툭 튀어 나오고, 입술은 두꺼우면서 아랫입술이 더 길다. 몸에 비해 머리가 크다. 그래서 머리를 빼면 회로 먹을 것이 별로 없다며 광어를 찾는 사람도 있다. 하지만 『전어지』에서 극찬한 국물의 비결은 사실 이 큰 머리에서 나오는 것이다.

자연산만큼이나 맛있는 양식산?

옹진군 승봉도 선창에서 배를 기다리며 있었던 일이다. 새벽같이 자월도에서 건너온 후 한 바퀴 돌아보니 점심시간이 훨씬 지났다. 배가 고프기도 했고, 양식산은 전혀 없다는 주인의 말에 반신반의하며 우럭회를 시켰다. 더 보탤 것도 없이 회의 탄력과 쫄깃함은 최고였다. 주변에서 양식을 하지 않기 때문에 양식은 멀리 인천이나 대부도에서 가져와 더 비싸다는 것이 주인의 변이었다. 우럭회가 좋으면 매운탕은 의심할 것도 없다. 역시 맛있게 먹

266

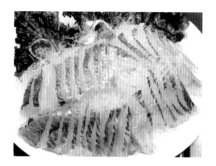

우럭회는 식감이 쫄깃해서 우리나라 사람들 입맛에 딱 맞다.

었다. 그런데 나중에 집으로 돌아와 사진을 확인해 보니 양식 우럭이었다. 맛이 있었던 것은 물이 좋았고, 배가 고팠기 때문이었다.

그렇다면 자연산과 양식산은 어떻게 구별할까. 자연산은 몸에 난 검은색 입자들이 불규칙하며 꼬리 끝에 흰 테가 있고, 눈동자가 선명하다. 반대로 양식산은 몸에 난 검은색 입자들이 규칙적이며 꼬리 끝에 흰 테가 없고, 눈동자에 백태가 끼어 있다. 또 회로 썰어 놓았을 때 자연산은 겉은 갈색이고, 살은 희고 깨끗하지만, 양식산은 겉이 검은색이고, 살에는 검은 실핏줄이 있다. 더

섬 시인인 이생진 선생님이 즐겨 찾는 우이도 민박집. 빨랫줄에서 우럭이 곱게 마르고 있다.
이 중 몇 마리는 찜으로 상에 오를 것이다.

267

불어 수족관에 있는 우럭의 씨알이 30~40㎝로 균일하면 양식으로 의심된다. 더 크게 키우려면 사료 값이 판매 수익금보다 더 들어가기 때문이다. 하지만 위 경험담처럼 실제로 자연산과 양식산을 구별하기란 만만치 않다.

우리나라 최고의 우럭 자연양식장은 신안군 흑산면의 다물도와 대둔도 사이다. 대둔도의 수리마을과 오리마을, 다물도리, 여기에 솔섬과 설섬 등 무인도까지 어우러져 양식장을 감싸고 있기 때문이다. 이 외에 우럭 양식을 많이 하는 곳으로는 남해안에서는 통영과 여수, 서해안에서는 태안과 신안이다.

대한민국 사람이라면 누구나 좋아할 우럭매운탕

횟집에 가면 철없이 권하는 활어가 광어나 우럭이다. 광어는 육상 가두리양식을, 우럭은 해상 가두리양식을 대표하는 물고기이다. 흔하지만, 씹는 맛을 즐기는 우리의 식문화 때문인지 온 국민의 사랑을 받고 있다.

그래도 우럭 요리의 으뜸은 단연 매운탕이다. 큰 머리에서 나오는 진한 국물은 맑은탕이든 매운탕이든 국물을 좋아하는 한국인의 입맛에 꼭 맞다. 매운탕의 맛을 결정하는 하는 것은 육수와 양념장이다. 육수는 황태육수나 다시마와 대멸로 우린 육수를 사용한다. 양념장은 고춧가루, 고추장, 된장, 다진 마늘, 생강, 청주 등을 섞어 하루 정도 숙성한 것이다. 냉동실에 두고 필요할 때

우럭매운탕을 시키자 인심 좋은 횟집 주인이 바지락, 갑오징어, 소라, 멍게, 백합을 넣어 주었다. 우럭 한 마리로는 맛있는 국물을 내기 힘들기 때문이란다.

우럭은 맑은탕도 맛있다. 사람들은 매운탕만 즐기는데 뽀얗게 우러난 국물 맛을 본다면, 매운탕은 뒤로 밀쳐 둘 것이다. 게다가 자연산이라 살도 푸석거리지 않고 쫄깃하다.

마른 우럭은 두고두고 먹을 수 있다.

마른 우럭으로는 우럭젓국이나 탕이 좋다.

우럭찜

우럭과 미역국이 만나면 국물이 더욱 진하다.

사용해도 좋다.

우럭의 지느러미와 쓸개를 떼어 내고 아가미와 내장은 깨끗하게 씻어야 한다. 무, 콩나물, 모시조개, 미더덕을 넣고 양념장을 올린 후 육수를 부어 끓인다. 국물은 우럭이 잠길 정도가 좋다.

팔팔 끓으면 파와 쑥갓을 올려 더 끓이면 된다.

건조한 우럭으로 끓이는 맑은탕은 깔끔한 맛을 즐기는 사람이나 해장을 원하는 이에게 좋다. 먼저 지느러미를 제거하고 적당한 크기로 잘라 찬물에 담근다. 준비해 둔 육수에 무 조각을 넣고 이어 우럭포와 콩나물을 넣어 끓인다. 마지막으로 대파, 미나리, 다진 마늘을 넣고 소금으로 간을 한다.

대천, 태안, 서산에서는 우럭젓국을 즐겼다. 두툼한 살은 찜으로 먹고, 머리와 뼈는 제사상에 올렸던 두부를 내려 푹 끓인 후 새우젓으로 간을 해서 먹은 것이 유래라고 한다. 새우젓으로 간을 하기 때문에 붙여진 것이라는 말도 있다. 요즘은 우럭젓국도 진화해서 바지락 같은 조개를 넣기도 한다. 무, 양파는 기본이고 배추, 대파 등 야채를 듬뿍 넣고 다진 마늘과 청양고추를 넣어 얼큰하고 개운하게 끓인다. 여기에 두부를 썰어 넣고 간은 새우젓으로 한다. 말린 우럭은 구이와 찜으로도 좋다.

바지락
바다맛의 감초

바지락은 갯벌 얕은 곳에 살아 쉽게 캘 수 있고, 계절을 타지 않으니 어민들 살림살이에 큰 보탬이 된다. 물론 바지락 덕을 보는 것은 어민들뿐만이 아니다. 탕, 무침, 구이, 회, 젓갈 등 어떤 요리로 만들어도 맛이 일품이어서 남녀노소 가릴 것 없이 사람들의 입맛을 즐겁게 해 준다. 게다가 오염된 물을 정화하는 능력까지 있다고 하니, 이렇게 고마운 감초가 또 있을까.

아내는 바지락을 살 때면 골목시장을 이용한다. 원산지 표시라도 제대로 하는 마트를 이용하라는 말에도 싱싱하기 때문이라며 골목시장을 고집한다. 그런데 며칠 전 시장을 다녀온 아내의 표정이 어두웠다. '중국산'이라는 팻말을 보고 왔다고 했다. 오일시장에서도 원산지표시를 하고 있는데 골목시장이라고 예외일 리가 없다. 그렇다고 대형마트로 발걸음을 옮기지는 않았지만 배신감을 느낀 모양이다.

전남 고흥, 전북 고창, 충남 태안 등 질 좋은 바지락은 중간상인을 거쳐 부산항을 통해 일본으로 수출된다. 우리나라는 중국이나 북한에서 바지락을 수입하는 실정이다.

충남 원산도 어머니들은 매년 정월 보름에 정성스레 제물을 마련해 바닷가에 차려 놓고 바지락 풍년을
기원하는 '바지락부르기제'를 한다. 화력발전소 건설로 김 양식이 어렵고, 고기는 잡히지 않는 현실에서
선택한 절박한 몸짓이지만 웃음이 가득하다.

바지락은 모래나 펄 등 어느 갯벌에서나 잘 자라는 조개다. 서해안은 물론 남해안 어촌마을에서도 흔히 볼 수 있었다. 한때 식당에 가면 서비스로 주는 것이 바지락이었는데, 그런 바지락을 이제는 수입해야 할 판이라니.

어촌 살림을 책임지다

바지락은 백합목 백합과에 속하는 조개다. 굴, 홍합, 꼬막, 대합 등과 함께 5대 중요 양식 패류로 꼽는다. 일본어로는 아사리(アサリ), 한자어로는 소합(小蛤)이라고 한다. 우리나라에서는 왜 바지락이라고 부를까? 1970년대 백합의 주산지였던 계화도에서 만난 어머니는 발밑에서 조개가 밟히는 소리가 '바지락 바지락' 난다고 해서 붙은 이름이라고 설명했다. 지역에 따라 반지락, 반지래기, 빤지락이라 부르기도 한다. 갯벌의 낮은 곳에 사는 조개라 '천합'이라고도 하는데, 덕분에 배가 없고 힘이 없는 노인들도 호미 하나면 벌이를 할 수 있다.

모래나 진흙 속의 식물성 플랑크톤을 먹고 살며, 번식이 쉽고, 성장이 빠르다. 또 어릴 때를 제외하면 대부분 한 곳에 머물며 자라기 때문에 경계가 없는 바다에서 가두지 않고도 기를 수 있어 마을어업으로 이보다 좋은 수산물이 없다. 게다가 남녀노소 누구나 좋아하고, 봄, 여름, 가을, 겨울 어느 계절에나 어울리며, 탕, 무침, 구이, 회, 젓갈 등 어떤 요리에나 맛을 내는 데 필요한 팔방미인이니, 바다음식의 감초 격이다.

바지락이 잘 자라는 혼합갯벌은 바닷가 사람들에게 논밭과 같다. 그래서 갯밭, 갯바탕이라고 한다.
어느 마을은 가구 수만큼 갯벌을 똑같이 나누어 바지락농사를 짓기도 한다. 이런 마을은 집값이 다른
마을보다 비싸다. 집에 바지락밭이 딸려 있기 때문이다.

바지락은 서해안, 특히 충남 태안, 전북 고창, 전남 고흥에서 많이 난다. 고흥의 내나로도 덕흥마을은 바지락마을로 널리 알려졌기도 하다. 한때 덕흥마을 부녀회는 바지락으로 수천만 원의 소득을 올려 주목을 받았다. 섬에 다리가 놓이기 전, 철부선이 운항되는 데도 바지락 어장이 큰 역할을 했다. 각종 마을 공동사업 자금과 아이들 육성회비도 바지락으로 해결했다. 안면도의 황도에서도 바지락은 효자로 꼽힌다. 상인의 구매 요청이 있는 날이면 어촌계장은 작업개시를 알리는 방송을 한다. 정해진 바지락밭에서 정해진 양을 채취해 판매한다. 그런가 하면 고창 하전이나 남해 문항마을은 체험장을 마련해 어촌 관광자원으로 활용하기도 한다.

하지만 여느 농사가 그러하듯, 바지락 농사를 하는 데도 어려운 점은 있다. 여수의 작은 섬 어민에게 들은 바로는, 바지락이 잘 자라려면 적당히 육수(陸水)가 있어야 한다. 그래서 비가 오지 않고 가물면 바지락도 흉년이 든다. 섬을 개간하거나 파헤쳐 흙이 바다로 유입되어도 바지락 농사를 망치기 일쑤다. 또한, 바지락은 수명이 8~9년에 이르며 다 자란 것은 크기가 6㎝나 되지만, 보통 시장에서는 3년 이상 자란 것을 찾기 어렵다. 수온 변화를 비롯해 예측할 수 없는 해양환경 탓에 더 기다리면 폐사할 수 있으니, 어민들이 상품 가치가 있을 때 파는 것이 좋다고 생각하는 까닭이다.

바지락밭은 어촌계에서 정한 날 권리를 가진 주민들만 들어갈 수 있다. 다른 생업이 있는 마을의 경우 갯밭은 덤이다. 정한 날 가구마다 한 사람씩 참여해 능력껏 바지락을 캘 수 있다.

바지락을 캐는 날이면 주문한 물량에 따라 한 가구에 한 명 혹은 두 명씩 나와서 공동작업을 한다. 또는 가구마다 채취량을 정해 바지락을 캔다. 수익금은 어촌계원들이 공동으로 분배한다.

용왕님, 안면도 바지락
전부 우리 밭으로 보내 주세요

몇 년 전이다. 원산도 진촌마을의 바지락밭에서 어머니들이 손에 손을 잡고 뜀박질하는 모습을 보았다. 원산도는 인근에 화력발전소가 건설되기 전까지 김 양식을 많이 했던 섬이다. 어업권을 잃고 생계가 어려워지자 어머니들은 갯벌을 일궈 바지락 어장을 만들기 시작했다. 갯벌에 객토를 반복하고 종패를 사다 뿌려 양식장을 마련했다.

바지락 양식이 활발해지면서 원산도의 진촌, 초전, 진고지의 부녀회를 중심으로 '조개 부르기제'도 열었다. 서산의 '굴 부르기제'을 모방한 것이다. 어머니들은 돼지머리, 명태, 떡 등을 준비해 바지락밭에 차려 놓고 절을 하며 소원을 빌고 또 빈다. 이를 두고 주민들은 "조개 부르러 간다.", "바지락 부르러 간다."고 한다.

'조개 부르기제'가 열릴 당시 진촌 마을회관 앞은 꽹과리 소리가 요란했다. 트럭에는 전날 준비한 음식들이 실렸다. 안면도 영목마을이 바라보이는 곳에 제상을 펼치고 제물을 진설한 다음, 술을 따르고 두 차례 절을 올렸다. 그리고 창호지를 태우면서 소원을 빌었다. 두 손을 비비며 비손을 하면서 "안면도 상품 바지락, 효자도 바지락 모두 우리 마을로 오게 해 주십시오."라고도 했다.

조개 부르기의 절정은 소지(창호지 태우는 일)와 헌식(고수레와 같은 일)이 끝난 후였다. 어머니들이 손을 잡고 안면도를 등지고 진촌마을 바지락밭을 보고 섰다. 징 소리와 함께 "와" 소리를 지르며 50m 정도를 달려 나가 만세 부르듯 손 올리기를 세 차례 반복했다. 안면도 상품에 있는 바지락을 진촌마을 어장으로 부르는 것이다. 조개 부르기가 끝난 뒤, 주민들은 마을회관에서 모여 음식을 나눠 먹으며 한바탕 즐겼다.

정약전과 신재효의 조개예찬

바지락에 대한 인기는 요즘만이 아니었던 모양이다. 신재효가 개작한 판소리 여섯마당 가운데 〈가루지기타령〉이 있다. 그 내용 중에 조개를 묘사한 대목을 보자.

"이상히도 생겼구나. 맹랑히도 생겼구나. 늙은 중의 입일는지 털은 돋고 이는 없다. 소나기를 맞았는지 언덕 깊게 패였구나. 도끼날을 맞았는지 금 바르게 터져 있다. 생수처의 옥답인지 물이 항상 고여 있다. 무슨 말을 하려는지 옴질옴질 하고 있노. 천리행룡 내려오다 주먹바위 신통하다. 만경창파 조개인지 혀를 삐쭘 빼었으며, 임실 곶감 먹었는시 곶김 씨기 장물이요. 만첩산중 으름인지 제가 벌로 벌어졌다. 영계백숙 먹었는지 닭의 벼슬 비치였다. 파명당을 하였는지 더운 김이 그저 난다. 제 무엇이 즐거워서 반쯤 웃어 두었구나. 곶감 있고, 으름 있고, 조개 있고, 영계 있고, 제사상은 걱정 없다."

손암 정약전은 『자산어보』에서 바지락을 포문합(布紋蛤)이라 했고, 속명으로 반질악(盤質岳)이라 썼다. "큰 놈은 지름이 두 치 정

바지락은 옛날에 반찬이 없을 때 쉽게 요리해 먹는 음식이었기에 특별한 요리 비법이 필요하지 않다. 해감이 잘된 바지락을 넣고 끓인 다음 파, 마늘을 넣으면 한 끼 식사로 충분하다.

도이다. 껍질이 매우 얇으며 가로세로 미세한 무늬가 나 있어 세포(細布)와 비슷하다. 양쪽 볼이 다른 것에 비해 볼록 튀어나와 있으므로 살이 푸짐하다. 껍질의 색깔은 흰 것도 있고 검푸른 것도 있다. 맛이 좋다."

정약전이 이야기한 '세포'는 '올이 고운 삼베나 무명'으로, 바지락 껍질에 방사상으로 퍼진 홈과 성정맥이 교차하면서 만들어진 무늬를 표현한 것이다. 서양에서는 여성의 성기를 닮아 탄생의 상징, 풍요와 다산과 순산을 도와주는 것으로 해석했다. 중국의 미인 백수소녀는 조개 속에서 등장한다. 설화 속에 나오는 미인 조개아씨와 고둥아씨도 마찬가지며, 이야기 중에는 대형조개를 타고 시집을 가는 나라도 있다.

몸을 보해 주다

바지락은 갈색이 도는 것보다 검은빛이 도는 것이 좋다. 싱싱한 바지락을 고르는 것만큼이나 요리를 할 때 중요한 것이 해감이다. 해감은 바지락을 채취할 때 바지락이 놀라면서 입수공으로 흡입한 모래나 흙을 출구공으로 내보내는 것을 말한다. 바지락을

바지락은 입수공과 출수공이 있다. 채취할 때 놀란 바지락은 입수공으로 흙을 먹는다. 요리를 하기 전에 미리 하루 정도 염도가 낮은 물에 바지락을 담가 두면 출수공을 통해 펄을 뱉어 낸다. 이를 '해감'이라고 한다.

묽은 소금물에 하루 정도 담가 두면 된다. 해감한 바지락을 팩이나 신문지로 싸서 냉장고에 보관하면 며칠은 두고 먹을 수 있다.

바지락 요리는 바지락탕, 바지락젓(조개젓), 바지락회무침, 바지락전 등 다양하다. 그중에서 오래 두고 먹기는 젓갈만 한 것이 없다. 먼저 해감한 바지락을 까서 조갯살을 묽은 소금물로 세척한 후 소금에 버무려 항아리에 담는다. 그리고 소금을 뿌려 3~4개월 삭힌다. 금방 먹을 것은 싱겁게, 오래 두고 먹으려면 짜게 해야 한다. 얼간이라고 해서 살짝 간만 해

바지락은 까서 팔기도 하지만 소금을 뿌려 젓갈로 만들거나, 홍합처럼 쪄서 말린 다음 두고두고 먹기도 한다.

서 일주일 만에 먹기도 한다. 바지
락이 많이 나는 옹진군 선재도에서
는 1~2년을 묵혀 형체를 알 수 없
을 정도로 녹은 조개젓을 '녹젓'이라
하며 귀하게 여겼다.

바지락탕은 와각탕이라고도 하는
데, 솥에서 바지락을 뜰 때 나는 '와

조개젓은 얼간해서 바로 먹거나 조갯살이 흐물흐물
물러질 정도로 오래 두고 먹기도 한다.

그락 와그락'하는 소리가 만들어 낸 이름이라고 한다. 봄철에 냉
이, 시금치, 쑥과 함께 된장국을 끓이면 겨울에 잃은 입맛도 되찾
고 원기도 회복할 수 있다. 전남 고흥에서는 바지락을 곶감처럼
꼬챙이에 60~70개를 끼워 말려서 먹기도 한다. 이를 '바지락꼬
쟁이'라 부른다. 양념한 바지락꼬쟁이는 잔칫집에서 최고급 평가

'바지락꼬쟁이'는 고흥 나로도 사람들에게는 최고급 요리다.
바지락 살을 꼬챙이에 끼워서 말린 다음 양념을 해서 굽거나 쪄서 먹었다.

를 받는다. 지금이야 좀처럼 맛보기 어려운 요리지만, 고창 노인들에게는 어렸을 때 먹던 도시락 반찬이었다고 한다.

바지락회무침은 만드는 법을 보면 '바지락숙회'라 해야 할 것 같다. 살짝 데친 바지락 살과 야채와 갖은 양념을 넣어 무친 것이다. 이때 바지락에 양념이 배어들도록 기다렸다 먹는 것이 좋다. 먹다 남은 것은 따뜻한 밥에 김 가루를 넣어 비벼 먹는다. 전라도에서는 싱싱한 바지락을 까서 그냥 무쳐 먹기도 한다. 겨울이나 초봄에 가능한 요리다.

바지락 요리 중 가장 흔하고 쉽게 먹는 것이 바지락칼국수다. 하루 전에 해감해 둔 바지락을 적당히 넣고 한소끔 끓인다. 바지락이 입을 벌릴 때쯤 칼국수를 넣는다. 이때 애호박, 감자 등을 넣으면 좋다. 선재도, 대부도, 오이도 지역에서 시작된 바지락칼국수는 전국으로 확산되어 주요 식당 메뉴로 자리를 잡았다. 덕분에 바지락 소비가 늘어났지만, 시화호, 송도, 새만금 등 바지락 주산지의 갯벌이 사라져 수입량만 급증했다. 안타깝게도 개발과 오

봄철에 입맛을 살리는 데는 바지락회무침이 그만이다. 살짝 익힌 바지락 살에 오이, 양파, 깻잎 등 야채와 갖은 양념을 넣고 초고추장으로 버무린다. 따뜻한 밥에 새콤달콤한 바지락회무침을 넣고 비벼 먹으면 입맛이 돌아오는 것은 한 순간이다.

대부도 일대에서 시작된 요리라고 알려진 바지락칼국수. 지금은 전국 칼국수 메뉴를 장악했다.

염으로 서식지가 줄어들고는 있지만, 반가운 소식도 있다. 울산 태화강에서 생태복원사업을 추진한 결과, 27년 만에 오염으로 사라졌던 바지락이 나타나기 시작했다. 마산 봉암갯벌에서도 사라졌던 바지락이 다시 나타났다는 소식이 들렸다.

바지락 하나가 하루에 오염된 물 15ℓ를 정화한다고 한다. 바지락이 가득했던 사라진 새만금갯벌 200㎢는 10만 톤의 물을 처리하는 하수종말처리장 40개와 같았다. 바지락은 인간에게 먹을 것만 주는 것이 아니다. 밥상에 올라온 바지락에게 고맙고 감사하다고 절이라도 해야 할 것 같다.

참고문헌

『경상도속찬지리지(慶尙道續撰地理誌)』

『고려도경(高麗圖經)』

『규합총서(閨閣叢書)』

『난중일기(亂中日記)』

『난호어목지(蘭湖魚牧志)』

『동의보감(東醫寶鑑)』

『본초강목(本草綱目)』

『성소부부고 (惺所覆覆藁)』

『세종실록지리지(世宗實錄地理志)』

『송남잡지(松南雜識)』

『승정원일기(承政院日記)』

『시의전서(是議全書)』

『신증동국여지승람(新增東國輿地勝覽)』

『오주연문장전산고(五洲衍文長箋散稿)』

『요록(要錄)』

『우해이어보(牛海異魚譜)』

『음식지미방(飮食知味方)』

『음식방문(飮食方文)』

『일성록(日省錄)』

『임원경제지(林園經濟志)』

『임하필기(林下筆記)』

『자산어보(玆山魚譜)』

『제주풍토기(濟州風土記)』

『조선다도해여행각서(朝鮮多島海旅行覺書)』

『조선왕조실록(朝鮮王朝實錄)』

『조선요리제법(朝鮮料理製法)』

『증보산림경제(增補山林經濟)』

『한국수산지(韓國水産誌)』

국립민속박물관, 『경남 어촌민속지』, 2002

국립민속박물관, 『민족문화대백과사전 8』, 1991

국립민속박물관, 『한국세시풍속사전』, 2005

국립수산과학원, 『속담 속 바다이야기』, 2007

국립수산과학원, 『한국 어구 도감』, 2002

국립해양박물관, 『바다밥상』, 2014

권삼문, 『동해안 어촌의 민속학적 이해』, 민속원, 2001

권오길, 『갯벌에도 뭇 생명이』, 지성사, 2011

권오길, 『자연계는 생명의 어울림으로 가득하다』, 청년사, 2005

김려 지음 · 박준원 옮김, 『우해이어보』, 다운샘, 2004

김무상, 『어류의 생태』, 아카데미서적, 2003

김시식지유적보전회, 『광양 김 시식지』, 2008

김영돈, 『한국의 해녀』, 민속원, 1999

김익수 외, 『한국어류대도감』, 교학사, 2005

김종덕, 『먹을거리 위기와 로컬푸드』, 이후, 2009

김종덕, 『음식문맹자, 음식시민을 만나다』, 따비, 2012

김준 외, 『서해와 조기』, 민속원, 2008

김준 외, 『한국 어업 유산의 가치』, 수산경제연구원BOOKS, 2015

김준, 『갯벌을 가다』, 한얼미디어, 2004

김준, 『김준의 갯벌이야기』, 이후, 2009

김준, 『대한민국 갯벌문화사전』, 이후, 2010

김준, 『바다맛 기행』, 자연과생태, 2013

김준, 『바다에 취하고 사람에 취하는 섬 여행』, Y브릭로드, 2009

김준, 『새만금은 갯벌이다_이제는 영영 사라질 생명의 땅』, 한얼미디어, 2006

김준, 『섬 문화 답사기(신안편)』, 서책, 2012

김준, 『섬 문화 답사기(여수 · 고흥편)』, 서책, 2012

김준, 『섬 문화 답사기(완도편)』, 서책, 2014

김준, 『어떤 소금을 먹을까』, 웃는돌고래, 2014

김준, 『어촌사회 변동과 해양생태』, 민속원, 2004

김준, 「어촌사회의 구조와 변동」, 전남대학교 박사학위 논문, 2000

김준, 『어촌사회학』, 민속원, 2010

김지순, 『제주도 음식』, 대원사, 1998

김지인, 『우리 식탁 위의 수산물 안전합니까?』, 연두m&b, 2015

김흥식 엮음 · 정종우 해설, 『조선동물기』, 서해문집, 2014

농촌진흥청, 『한국의 전통향토음식_전라남도편』, 교문사, 2008

명정구, 『어류도감』, 예조원, 2007

목포대 도서문화연구원 외, 『제6회 전국해양문화학자대회 자료집』 1~4권, 2015

문순덕, 『섬사람들의 음식 연구』, 학고방, 2010

문화재관리국, 「한국민속종합조사보고서(어업용구편)」, 1992

박구병, 『韓國漁業史』, 正音社, 1975

박수현, 『바다생물 이름 풀이사전』, 지성사, 2008

박수현, 『재미있는 바다생물이야기』, 추수밭, 2006

박승국 · 윤익병, 『조선의 바다』, 한국문화사, 1999

박영준, 『한국의 전설 1』, 한국문화도서출판사, 1972

박종길 · 서정화, 『물새 : 한국의 야생조류 길잡이』, 신구문화사, 2008

뿌리 깊은 나무 편집부, 『한국의 발견 전라남도』, 뿌리 깊은 나무, 1983

서유구 지음 · 김명년 옮김, 『전어지』, 한국어촌어항협회, 2007

송수권, 『남도의 맛과 멋』, 창공사, 1995

수협, 『바다 50년을 투망하다』, 수협중앙회, 2012

신동원, 『한국과학사이야기 2』, 책과함께, 2011

오창원, 『우리나라 지리와 풍속』, 금성청년출판사, 1991

오창현, 『동해의 전통어업기술과 어민』, 국립민속박물관, 2012

윤성도 · 김상수 · 양해광, 『본고장에서 만나는 우리바다 바다별미』, 다른세상, 2002

이준곤, 『서남해 바다이야기와 해양인의 삶』, 문현, 2011

장정룡, 「고성군 명태소리 전승실태조사 보고서」, 고성군, 2013

정기태, 『고기잡이여행』, 바보새, 2004

정문기, 『한국어도보』, 일지사, 1977

정약전 지음 · 정문기 옮김, 『자산어보 : 흑산도의 물고기들』, 지식산업사, 1977

정혜경, 『한국음식 오디세이』, 생각의 나무, 2007

조광현 그림 · 명정구 글, 『바닷물고기도감』, 보리, 2013

최윤, 『망둑어』, 지성사, 2011

한용봉, 『식용해조류 1』, 고려대학교출판부, 2010

해양수산부, 『한국의 해양문화』, 2002